读书就是读自己
不要让灵魂去流浪

丁玲、冰心、苏青、三毛……她们的文字，如清泉般滋润我们的心灵，如明灯般照亮我们的世界。这，不仅是一本书，更是一份力量的传递，一种智慧的启迪！

刘永兵 ◎著

中华工商联合出版社

图书在版编目（CIP）数据

读书就是读自己 / 刘永兵著. — 北京 : 中华工商联合出版社, 2024.1
ISBN 978-7-5158-3873-1

Ⅰ.①读… Ⅱ.①刘… Ⅲ.①人生哲学-女性读物 Ⅳ.①B821-49

中国国家版本馆CIP数据核字(2024)第000840号

读书就是读自己

| 作　　者：刘永兵
| 出 品 人：刘　刚
| 责任编辑：吴建新　关山美
| 装帧设计：安然设计工作室
| 责任审读：付德华
| 责任印制：陈德松
| 出版发行：中华工商联合出版社有限责任公司
| 印　　刷：三河市宏盛印务有限公司
| 版　　次：2024年1月第1版
| 印　　次：2024年1月第1次印刷
| 开　　本：710mm*1000mm　1/16
| 字　　数：180千字
| 印　　张：14.25
| 书　　号：ISBN 978-7-5158-3873-1
| 定　　价：58.00元

服务热线：010-58301130-0（前台）
销售热线：010-58301132（发行部）
　　　　　010-58302977（网络部）
　　　　　010-58302837（馆配部）
　　　　　010-58302813（团购部）
地址邮编：北京市西城区西环广场A座
　　　　　19-20层，100044
http://www.chgslcbs.cn
投稿热线：010-58302907（总编室）
投稿邮箱：1621239583@qq.com

工商联版图书
版权所有　侵权必究

凡本社图书出现印装质量问题，请与印务部联系。
联系电话：010-58302915

序

在时光的长河中，有一种力量如同一颗璀璨的星辰，照亮我们前行的道路，那就是阅读。读书不仅是对知识的汲取，更是一次心灵的旅行。当我们翻开书页，沉浸在文字的海洋中时，会发现每一本书都是一面镜子，映射出我们内心深处的渴望、梦想和努力。

孟子曾言："人有鸡犬放，则知求之；有放心而不知求。学问之道无他，求其放心而已矣。"这句话道出了一个深刻的道理：我们能够找回走失的鸡犬，却往往忽视了迷失的本心。而读书，便是那把找回本心的关键钥匙。通过阅读，我们能够与书中的智慧和思想相互碰撞，从而找到自己内心深处的真实与力量。

本书宛如一位智慧的导师，引领我们踏上一段心灵的旅程。书中精心挑选了当代女性必读的九部中外名著，这些作品不仅具有颇高的文学价值，更深入探索了人物的内心世界，描绘了角色的成长与觉醒。它们是人生成长之路上不可或缺的精神食粮，能够启迪我们的思考，引导我们寻找自我，塑造更加坚强、自信、独立的内心。

当我们沉浸在名家的这些作品中，如同步入了一个个绚丽多彩的心灵画廊。每一个角色都是我们内心世界的映射，他们的喜怒哀乐、爱恨情仇都能在我们心中激起共鸣。特别是在这个喧嚣的世界里，我们常常忙碌于琐碎的事务，忽略了内心的声音。读一本好书，不仅能让我们感受文字的魅力,也让我们有机会停下脚步,倾听内心的声音,丰富自己的人生体验,领略不同的文化、思想和观点。

"读书之乐乐陶陶,起并明月霜天高。"现在,就让我们怀揣着对知识的渴求和对美好生活的向往,翻开书页,走进一个个精彩绝伦的故事,开启一段自我发现、自我觉醒的灵魂之旅吧。

愿每一个读者都能在阅读中找到自己的内心宝藏,让心灵不再流浪。愿这本书成为你人生旅途中的一位忠实伴侣,陪伴你走过每一个时刻,共同成长,共同进步。

目录

《生死场》·生亦何欢，死亦何苦   001

"在乡村，人和动物一起忙着生，忙着死"，他们是彼此的镜子，也是彼此的依靠。

《倾城之恋》·因为爱过，所以慈悲；因为懂得，所以宽容   023

你如果认识从前的我，也许你会原谅现在的我。

《莎菲女士的日记》·如若不懂得我，我要那些爱做什么   051

我时常在生活的狂喜与绝望间跌宕，体验着情感的虚假与真实。

《冬儿姑娘》·灵魂的向导，归宿的明灯   077

生活宛如广袤无垠的海洋，只有坚忍不拔的勇者才能穿越波涛，抵达彼岸。

《歧途佳人》· 愈是怜惜自己，愈会使自己痛苦　　　101

人生是迷宫，我们要从哪里跌进去就要从哪里爬出来。

《撒哈拉的故事》· 选择生，就别让灵魂迷失方向　　　121

每想你一次，天上飘落一粒沙，从此形成了撒哈拉。

《傲慢与偏见》· 摒除偏见，才能缔结幸福之果　　　149

傲慢让别人无法来爱我，偏见让我无法去爱别人。

《飘》· 再爱一个人，也不能忘记爱自己　　　171

所有随风而逝的都属于昨天的，所有历经风雨留下来的才是面向未来的。

《假如给我三天光明》· 透过"灵魂之窗"，看尽世间美好　　　197

人的真正的使命是生活，而不是单纯地活着。

Chapter *1*

《生死场》· 生亦何欢，死亦何苦

"在乡村，人和动物一起忙着生，忙着死"，他们是彼此的镜子，也是彼此的依靠。

Step 1

《生死场》是萧红的第二部作品，第一部是《呼兰河传》。《生死场》起笔哈尔滨，在青岛完成创作，最后在上海发表，横跨伪满洲国和中华民国两个政治空间。小说讲述的是20世纪20年代至30年代，在我国哈尔滨郊外的一个村庄中发生的村民"生与死"的故事。小说通篇沉重，但仍值得一看。

读萧红的书，总是会给人一种挣扎的感觉，但还是忍不住要看，尤其是《生死场》。

那么，作者为什么要写这部小说，又是在什么情况下创作这部小说的呢？她的童年又经历了什么？

萧红（1911—1942年），原名张秀环，后改名张廼莹，曾用笔名萧红、悄吟、玲玲、田娣等，生于黑龙江省哈尔滨市呼兰区的一个地主家庭。她是"民国四大才女"之一，被誉为"20世纪30年代的文学洛神"，是中国现代文学史上的重要作家之一。

萧红的一生经历了诸多不幸和磨难，这些刻骨铭心的经历深深地影响了她的创作。她的父亲专制且保守，在她初中毕业前，就为她订了婚，毕业后不再让她上学。为了表示反抗，她离家出走，困窘间向报社投稿，并因此结识萧军，两人坠入情网，萧红也从此走上写作之路。为了纪念两人的感情和革命理想,她将自己的名字改为萧红。

1933年,逃离了已经沦陷中的东北,萧红落脚青岛,并专心文学创作。1934年,23岁的她完成了《生死场》(原名《麦场》)的初稿,此时,她已经历了母丧、疼她的祖父去世、抗婚求学、被软禁、出逃、流浪、向报社求救、与萧军相爱、产女送人、出版与萧军的合集《跋涉》……可以说,贫穷、疾病、生、死,伴随了她一生,这不但是她创作灵感的来源,也是《生死场》反映的主题。

所以,想了解萧红当时内心的苦痛,就一定要读她笔下的《生死场》。如果说《呼兰河传》寄托了她对人世间温暖和光明的渴求,那么《生死场》则浸透了人世间的悲凉、苦痛与哀伤,一定程度上,可被看作是萧红"生命哲学"的形象化阐释。

1934年,萧红来到上海,并给久仰的鲁迅写信,很快就得到了回信。11月30日,萧红第一次见到鲁迅,并把《生死场》原稿交给鲁迅。鲁迅花了几天时间修改,然后把稿子交给了黄源(鲁迅先生晚年最亲密的弟子),想在郑振铎、傅东华主编的《文学》月刊上发表。但很遗憾,结果未被刊用。

第二年,鲁迅设宴接待萧红、萧军,并将他们介绍给茅盾、聂绀弩、胡风等作家。之后,萧红、萧军等在鲁迅的支持下成立了"奴隶社"。萧红的《生死场》以"奴隶丛书"之三的名义,在上海容光书局出版。鲁迅为其作序,胡风为其写后记。在序言中,鲁迅给予了较高的评价:"北方人民对生的坚强,对死的挣扎,已经力透纸背;女性作家的细致的观察和越轨的笔致,又增加了不少明丽和新鲜。"胡风在"后记"中写道:"《生死场》写的只是哈尔滨附近一个偏僻的村庄,但它预示着中国的一份和全部、现在和未来、死路与活。"他们充分肯定了作品传达出的那种锐利的精神力量。从此,萧红在文坛有了一定的名气,并与鲁迅结下深厚的友谊,于是,就有了后来的《回忆鲁迅先生》。

《生死场》创作的时代背景是20世纪30年代的中国,当时,社会动荡不安,内忧外患,这都使得农村的生活变得异常艰难,农民们面临着生存的压力和社会的不公正待遇。在这个大背景下,萧红以农村生活为原貌,用悲悯的笔调和细腻的文字,讲述了哈尔滨近郊的村庄乡民在封建制度和日寇蹂躏下于生死间徘徊挣扎的故事,除了揭示了农民的艰辛生活和困境,并对社会现实进行了深刻的思考和批判外,侧重描写了女性在男权世界中卑微和无助的命运,以及遭受的束缚与压迫,其中包括她们嫁为人妇的心酸和落寞,孕育孩子的痛苦和折磨等。

作为萧红的巅峰之作,《生死场》奠定了她作为抗日作家的地位,使她成为20世纪30年代较有影响力的作家之一。作品虽然只有八万字左右,却道尽生死的悲凉和命运的凄凉。例如,小说中有一个重要人物,叫小玉。她的生命经历充满了苦难和折磨,先是被卖到妓院,后来又被卖到了一家豆腐店当佣人,最后又被迫嫁给了一个老汉。书中的很多女性和小玉一样,她们逃不脱命运的束缚和生命的苦难,表现出了对生命的无望和绝望,活得毫无价值感和尊严。在更深层次上,反映了作者对生命存在和生命形态,对生与死,对时间与空间等关系的思考。

海德格尔曾指出:"日常生活就是生死之间的存在。"生存与死亡问题是文学表现的永恒主题。萧红一直善于对死亡的问题进行关注与思考。在《生死场》中,更是将对死亡的思考提升到新的高度。在小说中,萧红始终抓住"生"与"死"两个环节,通过描写一场场死亡的场景,揭示了"死一般的生"的不觉悟的生命本体悲剧。

在《生死场》中,萧红笔下的穷苦人的生命就像一场场死亡的舞台剧,充满了悲剧色彩,所有人都处于一种自生自灭的生存状态中——生命似乎成为一个可有可无的无奈的轮回过程——生了死,死了生。重闻经典,不是为了赞美苦难,而是为更好地认识苦难,避免苦难,珍惜当下的幸福生活。

在面对生活中的困难和挑战时,我们应该学会坚持和奋斗,但同时也要懂得珍惜和感恩。因为生命是短暂而宝贵的,我们不能让它白白地流逝在苦难之中。要积极面对生活,努力追求自己的梦想和幸福。

Step 2

小说描述了一群女人在男权社会中所遭受的种种压迫和苦难，字里行间所展现出不同女性的悲惨命运。整部小说虽然没有明确的主线，但通过分析每个故事情节中的细节和人物形象，可以看出萧红对悲与殇的深刻理解和传递，尤其是对女性命运的关注和对社会现实的批判。

《生死场》全书一共17章。作者以乡村为锚点，描写并升华了生与死的概念。在前九章，作者描写了农村穷苦愚昧的生活场景。第十章"十年"，第十一章"年盘转动了"，是承上启下的章节，之后，描写的是在日本侵略者的践踏下，人们过着悲惨不堪的生活。

不同于传统的小说，《生死场》没有一条明确的主线，也没有所谓的"高潮"，矛盾冲突也似乎不那么激烈，但是，当我们去理性地解读时，会明显地感受到作者字里行间的呼吸，以及血液的奔涌——她通过女性的视角，细腻如丝的观察，丰沛的情感，向人们展示了20世纪二三十年代东北偏僻农村的人们，特别是女性的苦难生活和觉醒抗争的画面。

萧红通过描写一些农村生活场景，展现了她们的苦难和抗争。

例如，她在书中写道：

她们的生活是一种受苦受难的生活，是一种永远得不到解脱的生活。她们的命运如同被绑在了一根无形的绳子上，无法自由地挣脱。她们的身体被劳作折磨得骨瘦如柴，她们的脸上写满了疲惫和无奈。她们每天早早起床，忙碌于田间地头，背着沉重的担子，扛着农具，却只能换来微薄的收入。她们的辛勤劳动，却无法改变她们生活的困境。

她们的生活是这样的：早上天一亮，她们就起床，开始忙碌的一天。她们要做饭、洗衣、照顾孩子、喂鸡喂猪，还要劳作在田地里。她们的脸上常年带着疲惫和忧愁，手上常年带着老茧和伤痕。她们没有休息的权利，没有享受生活的机会，整日为了家庭和生计奔波劳累。

这些文字展现了她们的困苦和无奈，暗示了她们的生活充满了艰辛和痛苦，无法改变现状。她们的命运被比喻为被绑在无形的绳子上，无法自由挣脱。这种比喻强调了她们没有选择的权利，被迫接受困境。"她们的身体被劳作折磨得骨瘦如柴，脸上写满了疲惫和无奈。"这些描写表明了她们为生计而辛勤劳作的结果，但却无法改变她们的生活困境。通过这些生动而形象的描写，展示了农村妇女困苦生活的方方面面，从而引起读者对她们命运的深思。

萧红曾经说过，她一生最大的不幸，就是因为她是一个女人。在这部作品中，她用细腻的笔法写出了女人的悲哀与不幸，写出了她们在这片辽阔的土地上，进行着生的倔强与死的挣扎。

在同情当时女性对自己的命运无从把握的同时，萧红还通过塑造一些富有反抗精神的女性人物形象来体现女性的反抗意识与精神。王婆就是其中一个代表性人物。全书围绕着王婆一家、麻姑婆一家和金枝一家的命运陆续展开。

王婆生活在哈尔滨的一座小城里，虽然命运悲惨，却一直坚强地活着。不同于小说中其他生活在社会底层的命运悲惨的女性，她见证过许多死亡，她亲手送老马走向死亡，还见证了自己女儿小钟的死、第一任丈夫的死、儿子的死、月英的死，甚至还有自己的死……她是农民们在生死边缘挣扎的见证者、参与者。她虽然也是受压迫的个体，但不甘心处于被奴役的地位，有较强的反抗意识，并表现出了更顽强的原始生命力，不肯轻易放弃生的希望，甚至在反抗压迫的道路上，要比一些男性更加勇敢、果断。

萧红将自己内心中对理想女性的向往赋予了王婆这个形象，通过王婆的所言所行展现了女性应有的坚强与反抗意识。她笔下的王婆，有勇有谋，见多识广，而且遇事冷静，可谓是女中豪杰：王婆鼓励儿子做土匪，"做胡子，不受欺负"；她劝女儿为哥哥报仇；她在家中藏匿抗战的士兵，为他们送情报，为他们站岗放哨，为他们做饭……

赵三联合李青山成立"镰刀会"，以此反抗地主涨地租，王婆居然从儿子那里给丈夫赵三找来土枪，支持他反抗地主。赵三胆小怕事，非但不敢再反抗地主，还想给地主送礼，王婆坚决不让他送，还说："狗就是狗，终究不是狼。"她还教导女儿为哥哥报仇，让女儿学会反抗，让女儿有尊严地活着！后来，女儿在抗战中牺牲了。村民们自发组织起来抵抗日本人，王婆为他们站岗放哨，与日本鬼子周旋。

在小说的第七章"罪恶的五月节"中，王婆却竟然无任何征兆地服毒了！小说中的人物，包括读者都不知所以：为什么活得好好的要去寻死？后来，人们从她女儿那里得到了消息，原来，是王婆的儿子做土匪，被官兵抓去枪毙了。王婆悲痛欲绝，不想活了。服毒后，王婆命大，在马上要钉棺材盖的时候醒来了，还说"我要喝水"。赵三以为她是"借尸还魂"，毫不犹豫地拿扁担刺向了她。还好，她终算没有死成。于是，夫妻二人默契地不再提起葬礼上的事，日子照样过了下去。这时，看清世间凉薄的王婆，不再对人心怀有期待。就像萧红说的那样："死人死了，活人计算着怎样活下去。冬天女人们预备夏季的衣裳，男人们计虑着怎样开始明年的耕种。"

在《生死场》中，王婆的故事是非常重要的一段生命节奏，作者对她的痛苦进行了层层铺垫，她经历了无数的苦难，心灵深处充满了绝望和痛苦。虽然她是一个苦难的女人，一个失去孩子的母亲，但同时也是一个善良的女人，一个坚强如钢的战士，一个睿智有谋略的女中豪杰。

在生与死的长河中，我们如同漂泊的船只，历经风浪，沿途风景变幻，却始终无法驻足。然而，正是这永恒的流淌，使得生命充满了无尽的可能与美丽。其中，每一份爱，每一次笑声，每一次泪水，都是我们生命的印记。纳兰性德说："人生若只如初见，何事秋风悲画扇。"我们应该学会珍惜生命中的每一个瞬间，让生命之花在最美的时刻绽放，同时也要把握每一个机会，并用一颗感恩的心去对待生活，用一份真挚的情感去对待周围的人。

Step 3

如果第一次读《生死场》，那么你需要特别注意：摒弃读其他小说的那种框架思维。为什么？因为《生死场》的结构自由松散，章节之间没有明显的时间承接或因果关系，每个章节都仿佛是一个独立的画面。有人甚至认为，作者当时才21岁，比较稚嫩，缺少小说创作技巧与必要的训练，才将小说写成散文。也有人认为，这是她故意为之，特立独行……

在读《生死场》之前，很多人以为，它讲述的是一部铿锵有力的个人或是家族奋斗史。读过之后发现，"铿锵有力"应该换成"悲壮绝望"更合适。

在阅读时你会发现，它并未精心勾勒某个人物形象，也没有一个主角贯穿始终，更没有跌宕起伏的故事情节。书中的人物，如春夏秋冬般自然更替，生死轮回不绝。书中每一个章节，皆是生活画面的一角。所以，全书的结构看上去比较松散，后一章的内容不是前一章内容的延续，章节之间没有时间承接和因果关系，小说中的人物、情节与环境也在不断发生着变化。整体给读者的感觉是，章节间看不出相互的逻辑联系或时间联系，一会儿写东，一会儿写西，没有一个明确指向。这种松散的结构没有固定的指向，为读者创造了一种更加自由、更加灵活的阅读体验。

如果用阅读其他小说的那种审美来丈量它，评价它，《生死场》的这种结构无疑会给读者一种"混乱"的感觉。其实，这种"混乱"是作者有意为之。她这样安排小说的章节，是为了保证章节间的各自独立。不需要因果逻辑关系，也不需要时间的递进发展，纯粹就是场景与场景的衔接、空间与空间的并置，从而形成小说的链条型结构。而且她成功地驾驭了这种结构，这主要体现在两个方面：一是每一个"生活碎片"都具有典型的意义；二是不同的"生活碎片"共同组成了一个有机的统一的整体，即能共同构成丰富的生活图画。

举个例子。

在地主的压榨下，王婆生活十分拮据，为了维持生活，她不得不将一匹老马送进了屠宰场。"一路上，王婆她自己想着：一个人怎么变得这样厉害？年轻的时候，不是常常为着送老马或是老牛进过屠场吗？她颤寒起来，幻想着屠刀要像穿过自己的背脊……"

卖马后，"她哭着回家，两只袖子完全湿透。那好像是送葬归来一般。"而且"家中地主的使人早等在门前，地主们就连一块铜板也不舍弃在贫农们的身上，那个使人取了钱走去"。

再比如，当时农村发生了瘟疫，她写道："人死了听不见哭声，静悄悄地抬着草捆或是棺材向着乱坟岗子走去，接接连连的，不断……"

书中有很多类似的描写。这些零碎的片段，在作者的笔下拼凑成了一幅幅特别凄惨的生活画卷。在画卷中，每个人的形象都丰满而真实，其内心世界和情感变化也得到了精细的刻画。当然，在描写各个"生活碎片"时，作者并没有一视同仁，有些写得较简略，有的则写得较细致。

在《你要死灭吗》一章中,萧红对于人们盟誓的描写十分细腻、生动。他们无法忍受奴役的痛苦,于是夜晚秘密地聚集起来,以最虔诚而又最古老的迷信方式,表达了他们坚决与日本侵略者战斗到底的决心。他们的盟誓很悲壮、激越,让人感受到了他们内心深处的坚定与不屈:"畅明的天光与人们共同宣誓……桌前的大红蜡烛在壮默的人头前面燃烧",寡妇们和亡家的独身汉"完全用膝头曲倒在天光之下"。

为了消灭日本侵略者,"就是把脑袋挂满了整个村子所有的树梢""千刀万剐也愿意!"

就连曾经忏悔过的赵三在宣誓大会上也流着眼泪喊道:"国……国亡了!我……我也……老了!你们还年轻,你们去救国吧……等着我埋在坟里……也要把中国旗子插在坟顶,我是中国人……我要中国旗子,我不当亡国奴,生是中国人!死是中国鬼……不是亡国奴……"

这些颇具视觉冲击力的生活碎片,鲜明地体现了小说的主题思想。当然了,即使是这碎片之间没有明显的线索关联,也没有围绕某个碎片展开事件,这有点像诗中的诗眼,或是文章的画龙点睛之笔。它们在主题思想的统率下,才具有内在联系。因此,我们只能通过小说的主题思想来把握它们之间的关系。也就是说,《生死场》在一个共同的主题贯穿之下,作品从一个生活片断到另一生活片断,而主题就在这生活片断的交替中逐渐发展。

总之,《生死场》通过很多零散的生活碎片建构了一副真实、杂乱的时代画卷,在阅读过程中,读者不但会被这些画面所震撼,也能以更宏观的视角,整体、客观地把主题思想,从而引发了对社会不公和人性的思考。

在《生死场》这部作品中，每一个场景——麦场、菜圃、屠场、荒山和都市——都描绘了人物们经历的各种生死离别、痛苦和困境。这些场景展示了生命的脆弱和短暂，让读者深刻地感受到生命的无常。在当代社会，我们在追求物质财富和更美好生活的过程中，更不应被忙碌的生活所追逐，而应该学会适时停下来，体验生活的喜悦和快乐，珍惜生命的每一个时刻，别让生活中的美好瞬间从我们的指尖滑落。

Step 4

在《生死场》中，贯穿始终的是三个家庭的变迁：开篇与结尾写二里半与麻面婆的家庭，"嵌"在结构第二层的是王婆与赵三的家庭，"裹"在中间的，则是金枝家庭的故事。全篇首尾呼应，一层套着一层，在三个家庭的空间里演绎着生与死的故事……

在这一部分，通过对作品的几个主要女性角色进行简要分析，来更好地理解萧红所传递的悲情。

在《生死场》中，萧红用悲凉的底色和苦痛的架构搭建起来一个人生戏台。在这个戏台上，各类人物扮演着不同的命运角色。然而，作者并没有参与其中，只是以旁观者的角度在观察着台上人物的挣扎和悲欢。尽管她对他们遭受的磨难而痛苦，却不能改变什么。

在低沉的命运殇歌声中，首先登台的是麻面婆。她是命运之殇的见证者，她的存在让人们感受到生命的脆弱与无奈。在命运的舞台上，她似乎永远是那个低沉悲凉的角色。

在萧红的笔下，麻面婆生性愚笨，浑身上下带着傻气。在描写她时，作者多少带着几分戏谑。

比如，麻面婆非常勤劳，盛夏的正午，连虫子们都安静了下来，麻面婆却独自坐在院中，满头大汗地洗衣服。

再如，听说家里的羊丢了，为了向丈夫证明自己是聪明的，不顾一切地钻进了柴堆中寻找羊。当时正是夏季酷热的时候，但她却坚信羊会跑到柴堆中取暖。

在作品中，作者将麻面婆与动物进行了类比，例如，她将找不到羊的麻面婆比作在柴堆上玩耍疲乏的狗，扒着发间的草杆坐下来；将为丈夫烧火做饭的麻面婆比作一头母熊，带着草料进洞；将麻面婆和丈夫说话时的声音比作猪说话的声音。这些对比强化了麻面婆的卑微和弱势地位。

麻面婆一生辛劳，逆来顺受，没有太多的自我意识和选择权，只能默默承受着一切苦难。她的视野中只有破旧的茅屋和粗暴的丈夫，没有接触到更广阔的世界和人际关系，缺乏对外界的认识和了解。甚至她的死去，还比不上家畜惹人注意。

作者通过描写麻面婆这个逆来顺受的人物形象，凸显了那个时代整个女性群体的悲剧，同时也揭示了封建社会中女性的地位和处境。

萧红曾说："我最大的悲哀和痛苦，便是做了女人；我一生的痛苦和不幸都是因为我是女人。"在她短暂的人生中，曾因自己的女性身份而不被家人疼爱，成年后又因女性身份在爱情中遍体鳞伤。

这种沉重的亲身经历可以在她笔下的金枝身上找到一些痕迹。也就是说，萧红在写作时，将自己的亲身经历，甚至性格、情感等都融入她笔下的这个角色中。所以，了解作者的人生经历，有助于更好地理解金枝这个角色的内心世界。

在文学作品中，爱情向来都是一种美好的追求，即便是满目萧瑟的《生死场》也不例外。但作者笔尖下的爱情，却衬托出了女性的悲剧。

金枝17岁时，对爱情充满了期待，在听到成业的口哨声后，忐忑不安地从菜圃走向河湾隐蔽处，前去和成业幽会。这个场景描述了金枝和成业之间的浪漫关系，同时也表现出金枝内心的矛盾和不安。在隐蔽的河湾丛林，她的爱情之梦就此彻底破碎，成业用最粗暴的方式对待她。

爱情幻境破碎之后，金枝的悲惨命运也就此开始，她走向了宛如生死炼狱的婚姻：怀孕期间，要洗衣烧饭，做重活；孩子早产，差点丢了性命；孩子才生下来一个月，就被暴躁的丈夫嫌弃，并被残忍地摔死……在绝望困境中，她痛苦地挣扎着。

后来，被逼无奈，她只得进城谋生。虽然在路上躲过了日本兵，却没有逃过城里中国男人的魔掌。最后，她只有一条路可选，那就是出家当尼姑。当她到了尼姑庵，却发现那里连个人影儿都没有。她挣扎着，想活下来，面对的却是扑面而来的绝望。虽然一次次的绝望，让她变得清醒了，但这种清醒反倒让她的命运变得更为不幸。

与麻面婆和金枝一样，王婆也是一个命运坎坷的女人，但是她有一定的觉醒意识。她先后经历了被家暴、改嫁和丧子，可谓命运多舛。

在她的眼中，生命有时就像是随意被人践踏的花花草草。在她二十多岁时，有一次，她边做农活边看孩子，结果一不小心，孩子摔死了。她竟然像个旁观者一样，看着孩子咽气却没有表现出多少悲伤，并且说："孩子死，不算一回事，你们以为我会暴跳着哭吧？我会嚎叫吧？起先我心也觉得发颤，可是我一看见麦田在我眼前时，我一点都不后悔，我一滴眼泪都没淌下……"或许是因为经常帮村里的女人堕胎，她对这种惨烈的场面早已麻木了。

秋收的时候，她似乎完全忘记了死去的孩子，一门心思想着收麦子。失去孩子的痛苦，甚至还比不上家里的老马卖给屠宰场。

作为贯穿作品始终的人物形象，饱受苦难的王婆或许比别的女人更明白，在如苦海般的人生中，死亡是一种解脱，是一种超越生死之外的归宿。然而，命运如同捉弄她的玩偶，将她困于求生无门、求死无望的境地。当她对生活彻底失去希望，选择服毒自杀，以离开这痛苦的世间，结果没死成，又奇迹般地活了过来，这人世间的苦，她还得继续吃下去……

在作者的笔下，每个女人都在奴隶般卑微地挣扎着，又终将如蝼蚁般低贱地死去。然而，死亡并非终结，相反，它让女性更加深陷于冥冥之中的荒凉境地。

在这部小说中，作者完全是用苍凉的笔墨混杂着浓重的哀伤来描写旧时女性角色的：生活艰难而贫乏的她们，拉开了《生死场》的帷幕，最终又以悲剧收场。这让我们看到了当时社会中女性的悲惨命运和所受到的压迫。通过一些角色的经历，我们能够感受到人们在那个时代中所经历的苦难和不幸。

将视线切回到现代，我们看到众多的年轻人仿佛就是他们的缩影。他们依赖父母生活，除了吃喝玩乐，对生活无所求，对未来无展望。在生与死的人生舞台上，他们如同一个个迷失的灵魂，漫无目的地游荡——在他们的世界里，生死之间没有明确的界限，只有一片模糊的虚无。

Step 5

《生死场》的语言特点表现为清新自然、生动形象、富有节奏感、饱含诗意和地方色彩。另外，文中大量使用了重复、对比、隐喻等修辞手法，以及个人化的表达方式，这些特点使得作品具有强烈的艺术感染力和思想深度，能够引起读者的共鸣和思考。

《生死场》是萧红的成名之作，也是她艺术风格上的代表之作。与同时代的其他作家不同，萧红在艺术上敢于创新，不拘泥于定式。她曾经说："有一种小说学，小说有一定的写法，一定要具备某几种东西，一定要写得像巴尔扎克或契诃夫的作品那样。我不相信这一套。有各式各样的作者，就有各式各样的小说。"

正是基于这种主张，她的小说超越了传统的"一定的写法"，形成了自己的风格，其中体现最明显的就是语言。她运用犀利而生动的笔触，将现实生活中的人物、情感和社会问题细致入微地呈现在读者面前。她对于语言的运用情真意切，毫不刻意迎合流行趋势或被限制于传统范式。因此，她的作品充满了活力和独特的表达方式。

在《生死场》中，萧红的语言既自然朴素，又生动生形象；既行云流水，又充满张力；既不拘泥常规，又不矫揉造作。

首先，作者将朴素的描绘与强烈的抒情自然地融合在一起。

萧红在创作过程中，并不拘泥于烦琐的细节，而是运用了许多充满表现力和诗意的句子，让作品变得生动活泼。

例如："四月里晴朗的天空从山脊流照下来，房周的大树群在正午垂曲的立在太阳下，畅明的天光与人们共同宣誓。"

这段描写宛如一幅绘画，用轻柔的笔触和淡雅的墨色展现出了写意的艺术魅力。对于"阳光"这一景物，作者没有详细描述，也没有真实地展示阳光的样貌。相反，她通过个人想象和情感将阳光拟人化。即通过思维联想和想象力，作者勾勒出了阳光的形象，以凸显宣誓场面的庄严氛围，使整个场景更加庄重肃穆。

再来看一个例子，在第十四章《到都市里去》中，作者描述了金枝离开家乡来到都市后所面临的孤独困境：

"满天星火，但那都疏远了！那是与金枝绝缘的物体。半夜过后金枝身边来了一条小狗，也许小狗是个受难的小狗？这流浪的狗它进木桶去睡。金枝醒来仍没出太阳，天空许多星充塞着。"

这里，作者并没有直接描写金枝的心理，而是通过运用随物赋情的手法，寥寥几笔便巧妙地揭示了金枝的孤独。这种以自然景物来传达人物内心感受的方式，是一种非常独特的表现手法。通过描绘自然景物的细节和变化，作者能够将人物内心的情感与外在环境融为一体，从而更加生动地表现出人物的内心世界。

其次，多处强调语言的音响和色彩。

在文学作品中，语言的音响和色彩是非常重要的表现手法。通过多处强调这些方面，作者可以更加生动地描绘场景，让读者更加深入地感受故事情节。

语言的音响，指文字所带来的听觉效果。比如，作者可以使用形容词、动词等词语来描述人物的动作和声音，从而让读者感受到身临其境的感觉。

在《生死场》中,作者多次强调语言的音响,让读者身临其境。

比如:"高粱地像要倒折,地端的榆树吹啸起来,有点像金属的声音,为着闪电的原故,全庄忽然裸现,忽然又沉埋下去,全庄像是海上浮着的泡沫。"

语言的色彩,则是指文字所带来的视觉效果。作者可以使用形象生动的比喻、象征等修辞手法来描绘场景,让读者感受到色彩的变化和情感的转变。在小说中,作者多处运用了色彩词。

比如:"林梢在青色的天边图出美调的和舒卷着的云一样的弧线。青的天幕在前面直垂下来,曲卷的树梢花边一般地嵌上天幕。田间往日的蝶儿在飞,一切野花还不曾开。小草房一座一座的摊落着,有的留下残墙在晒阳光,有的也许是被炸弹带走了屋盖。房身整整齐齐地摆在那里。"

这些细腻的描写表达了战争带来的破坏和死亡对大自然的伤害。除此之外,色彩词还被用来表达人物的情感和性格。

比如:"二里半为了生气,他的白眼球立刻多过黑眼球。"

这里,作者通过"白眼球立刻多过黑眼球"来生动展现二里半的情绪变化,使得人物内心的情感起伏更加真实。

另外,作者大量使用了比喻、对比、反复等修辞手法。这使得作品更加生动、形象、感性,也更容易引起读者的共鸣。这些修辞手法不仅丰富了作品的语言表达形式,同时也为读者提供了更多的思考空间和阅读体验。

比如:"赵三却不那样,他把眼光放在鸡笼的地方,慢慢吃,慢慢吃,终于也吃完了。"

这里,两个"慢慢吃"表达了赵三对食物的珍爱和不舍,要慢慢品尝,慢慢咀嚼回味。语言自然朴素,没有华丽的词藻,却具有很强的画面感，让读者能直观地感受其生活的拮据。

除此之外，作者还运用了大量的对比。比如，《生死场》中有一句揭示全文主旨的话："在乡村，人和动物一起忙着生，忙着死……"

再如："产婆洗着刚会哭的小孩……不知谁家的猪也正在生小猪。"

上面的两个例子，都是将人与动物进行了对比，这在一定程度上模糊了人与动物之间的界限，暗示了人和动物一样，在生死困境面前无法左右自己的命运。

当然，上述语言特色，很多都是"混搭"的，这种个性化的表达方式，体现了萧红的个性，以及她对生活的独特感受，正如批评家胡风对她的评价那样，"她写出的都是生活，她的人物是从生活里提炼出来的，活的——她可是凭个人的天才和感觉在创作"。

从《生死场》到《呼兰河传》，萧红的小说语言经历了从"本色"到以多种技巧强化艺术表现力的转变。其中，她放弃了简洁的叙述方式，而选择了繁复的叙述方式，这种叙述方式可以通过内在的含义来扭转表层的语义。同时，她还故意采用了一些"越轨"的句子组合方式，以及通过巧妙运用声韵来传达意味与情趣。所有这些特点构成了萧红后期小说文体的独特魅力，也展示了她在小说语言艺术上的探索与变化。

作者通过多种写法，再现了每个场面，人物鲜明，而各有特点。让人仿佛走进那个场面。

生死场，是生命的舞台，是死亡的寓言，也是一场交织着痛苦与希望的旅程。在这个舞台上，人们如同演员，演绎着生与死的悲欢离合。他们既是生命的歌者，也是死亡的舞者。

Chapter 2

《倾城之恋》· 因为爱过，所以慈悲；因为懂得，所以宽容

你如果认识从前的我，也许你会原谅现在的我。

《倾城之恋》·因为爱过，所以慈悲；因为懂得，所以宽容

Step 1

张爱玲，华语文学界的璀璨明珠，才情横溢的文学巨匠。她的文字如一泓清泉，流淌着深邃的情感和细腻的思考；她的故事如一幅绚丽画卷，勾勒出人性的复杂与美丽。她以独特的笔触描绘了一个个鲜活的人物形象，展现了他们内心世界的喜怒哀乐。在她的作品中，我们感受到了爱情的甜蜜与苦涩、生活的坎坷与无奈、时光的流转与沉淀。

张爱玲（1920年9月30日—1995年9月8日），中国现代作家，本名张煐，出生于上海一个没落的贵族家庭，祖籍河北省丰润县。

她从小就受到文学艺术的熏陶，对文学产生了浓厚的兴趣。后来，由于家道中落，使得她的作品具有浓厚的文化背景和独特的人文关怀。张爱玲的创作生涯虽然短暂，但充满了曲折。

张爱玲深得中国古典文学之精髓，又深受西式教育之浸染，因而形成了融通中西的独特文学视角。她的作品多以普通人的命运为关注焦点，洞察人性的微妙与深邃，同时又具备强烈的历史意识。她以独到的笔触描绘了时代变迁中的芸芸众生，创造出丰富而独特的意象，展现出苍凉的文学风格。在继承中国文学传统的基础上，张爱玲构建了自己丰富而独特的文学世界，为世人留下了珍贵的文

学遗产。

她的作品涵盖了小说、散文、诗歌等多种文学形式。其作品风格独特，语言优美，深刻描绘了人的情感和内心世界。

《倾城之恋》是张爱玲创作的第一部中短篇小说，其以香港沦陷为背景，讲述旧派大家之女白流苏与留学海外的新派公子范柳原之间错综复杂的爱情故事。在这个动荡的时代背景下，男女主角的命运如同波折的河流，时而平静，时而汹涌澎湃。

该小说收录于她1944年出版的小说集《传奇》，同时收录的还有中短篇小说《沉香屑：第一炉香》《沉香屑：第二炉香》《茉莉香片》《心经》《年轻的时候》《封锁》《花凋》等。这些作品影响了几代读者，成为中华文化的重要遗产之一。

张爱玲在中国现代文学史上的地位及影响，可以概括为三个方面。

首先，她是一个用中国传统小说手法写出现代主义精神的作家。

张爱玲在作品中融合了中国传统小说手法和现代主义精神，这种融合使得她的作品具有独特的风格和魅力。在中国传统小说中，叙述方式、人物塑造、情节安排等方面都有其独特之处，而现代主义精神则强调对现实主义和人性的深入剖析和表现。张爱玲在作品中巧妙地运用了这些手法，使得作品既具有中国文化的底蕴和特色，又具有现代主义的精神内核。

其次，她以俗文学的方式写纯文学。

俗文学通常是与大众文化、流行文化紧密相关的，具有娱乐性、流行性和普遍性等特点。而纯文学则更注重文学的艺术性、思想性和深度。张爱玲在创作过程中，成功地将俗文学与纯文学结合在一起。她的作品既有俗文学的吸引力和感染力，又具备纯文学的思想深度和艺术价值。这种结合使得她的作品既具有广泛的读者基础，又能够引发人们的深入思考。

虽然张爱玲的作品采用了俗文学的方式进行创作，但这并不意味着她的作品缺乏深刻的内涵。相反，她的作品往往通过俗文学的方式呈现出深刻的思想和哲理。她关注人性的各种表现，探究人性的复杂性和多面性，并以此为出发点，对当时的社会、历史、文化等进行深入的反思和批判。

最后，张爱玲的作品是批判女人的女性主义。

张爱玲是一个女性主义作家，可又有很多话在批判女人。她在作品中以女性主义视角关注女性的命运和处境，对传统女性进行批判的同时，也对现代女性进行反思。这种批判并不是简单的否定和指责，而是带着深深的同情和理解。

比如，在《倾城之恋》中作者说过一句话："一个女人，再好些，得不着异性的爱，也就得不着同性的尊重。女人们就是这一点贱。"

对于现代女性来说，要理解张爱玲的作品，需要将其置于当时的社会背景和文化环境中进行思考，同时也要看到其中所蕴含的对人性、情感、社会等方面的深刻洞察和思考，而不能将其简单地归结为对女性命运的批判和否定。

在她的一些作品中所呈现的女性形象，既有被束缚和压迫的一面，也有追求自由和独立的一面，她因此想告诉人们：旧式以经济为基础的婚姻是没有爱情可言的，女性只有经济上自立、自强，才能自主地去追求爱情、寻找幸福。

在《倾城之恋》中，张爱玲通过其独特的文学风格为现代女性提供了一个理解和倾诉的空间。她的文字细腻而深刻，将女性的内心世界和情感体验描绘得淋漓尽致。她笔下的女性形象，既是对传统观念的反叛，也是对现代女性追求自由和幸福的启示。其作品鼓励女性勇敢地追求自己的梦想和幸福，同时也呼吁社会应该更加关注女性的内心世界和情感体验，为她们的自由和权利而努力奋斗。

Step 2

  《倾城之恋》的创作背景可以追溯到20世纪40年代的上海。当时，日本正在进攻香港，整个中国都处于动荡不安的状态。作者在这样的背景下，以独特的视角和细腻的情感描写，展现了一段充满辛酸浪漫的爱情故事。

  《倾城之恋》是张爱玲于1943年创作的一部小说。当时，正值抗日战争时期，这是中国近现代史上一个极为特殊的时期。1937年，日本侵华战争全面爆发，上海沦陷，成为日军占领下的"孤岛"。

  在这个特殊的历史背景下，上海的社会风气发生了极大的变化。一方面，战争使得人们的道德观念发生了变化，许多人为了生存而放弃了原有的道德底线；另一方面，战争也使得人们对于爱情和婚姻的观念发生了变化，许多人为了生活而选择放弃原有的爱情和婚姻。这种社会风气的变化为张爱玲创作《倾城之恋》提供了丰富的素材。

  在《倾城之恋》中，我们可以看到上海社会风气的变化对于人们的生活产生了深刻的影响。白流苏和范柳原这两个角色的命运就是在这种特殊的社会环境中发生了很大的变化。白流苏原本是一个家境优渥、受过良好教育的女性，然而，战争使得她的家庭破产，她不得不离开上海，来到香港寻求新的生活。在香港，她遇到了范柳原，一个富有魅力的男人。他们之间的爱情纠葛，正是在这个特殊的社会环境中发生的。

在这部作品中，白流苏和范柳原之间的爱情并不是建立在共同的理想和信念之上，而是基于现实生活的需要。这种现实主义的爱情观念，正是当时社会风气的写照。

与此同时，特殊的社会环境也为张爱玲创作《倾城之恋》提供了丰富的背景。上海作为当时的国际大都市，吸引了来自世界各地的人们。在这个多元化的城市中，各种文化、思想交汇碰撞，为张爱玲的创作提供了广阔的空间。在《倾城之恋》中，我们可以看到上海的繁华与落寞、东方与西方的文化交融。

当然了，张爱玲的个人经历对她的创作产生了深远的影响。在她的幼年时期，父母离异和家族的败落给她的心灵造成了极大的创伤。这种家庭背景以及自身的生活经历都深深地影响了她对于婚姻和爱情的看法，从而反映在她的作品中。在《倾城之恋》中，我们可以看到张爱玲对于爱情和婚姻的深刻思考和独特见解。

鲜为人知的是，《倾城之恋》的出版过程并不顺利。当时，上海的出版业受到战火的影响，许多出版社被迫关闭或转移。然而，张爱玲并没有放弃出版这部作品的决心。她通过各种途径，最终找到了一家愿意出版的出版社。

1943年，《倾城之恋》在上海出版后，以其独特的风格和深刻的主题，吸引了众多读者的关注，许多评论家也给予了高度的评价。当时，也存在一种声音，认为它过于悲观和消极，不符合当时的抗战精神。然而，这些争议并没有影响《倾城之恋》在读者心中的地位。

《倾城之恋》不仅是一部描绘爱情的作品，更是一部具有深刻文化内涵的作品。通过对范柳原和白流苏的爱情故事的描绘，作者向读者传达了一个关于爱情的美好愿景：即使在困境中，我们也应该坚守信念，勇敢地追求自己的幸福——爱情不能只建立在经济基础之上，一旦经济大墙轰然倒下，那么情侣关系将走到尽头。

真正的爱情不能掺杂一点私心假意，只有双方相互喜欢，有共同的理想和信念，爱情之花才能长久盛开。

读书就是读自己

Step 3

"如果你认识从前的我,也许你会原谅现在的我。"张爱玲的这句名言出自《倾城之恋》中范柳原之口。书中的两位主角,一个半真半假地表达着"我爱你",一个半推半就地回应着"不愿意"。正是这样两个人,在一座城市倾覆之际,谱写了一段美丽的爱情传奇……

《倾城之恋》是一部以战争为背景的言情小说,通过描述白流苏和范柳原的命运,描绘了人物之间错综复杂的关系,揭示了战争与爱情、婚姻和人性的复杂关系。整个故事弥漫着浓厚的悲剧氛围,作者对情节的把握极为精准,特别是小说的开头和结尾引人入胜。

《倾城之恋》一开始就引入了一个截然不同的时间背景:上海为了"节省天光",将所有的时钟都拨快了一小时,然而白公馆里说:"我们用的是老钟。他们的十点钟是人家的十一点。他们唱歌走了板,跟不上生命的胡琴。"

故事开始于繁华的香港,来自上海的白家小姐白流苏,心怀梦想,却一直被现实推向一个个新的梦境,从一个火坑跳到另一个火坑。经历过一次失败的婚姻后,她身无分文,受到亲戚间的冷嘲热讽,饱尝了世态炎凉。

《倾城之恋》·因为爱过，所以慈悲；因为懂得，所以宽容

一天，偶然的机会让她结识了潇洒多金的单身汉范柳原。白流苏看到了希望，决定孤注一掷，将自己的未来寄托在范柳原身上。她毅然决然地前往香港，与范柳原展开了一场情感角力。

两人都是情场高手，你来我往，互相试探，看似是白流苏赌输了。然而，就在范柳原即将离开香港时，战争的硝烟悄然弥漫开来。浅水湾饭店不再安静，而是成了炮火轰炸的目标。

范柳原听到消息后，毫不犹豫地转身回到饭店，回到白流苏身边。在生死攸关的时刻，他们不再隐藏自己的真心，彼此坦诚相见。他们许下了天长地久的诺言，决定共同面对未来的风雨。

白流苏，一个落败家族家的小姐，一个离过婚寄居在娘家的女人。有那个时代新女性追求自由解放、独立自主的向往；也有封建家族腐朽溃烂的传统思想。可以说，她是那个时代典型的"矛盾集合体"。她爱面子，爱优渥、精致的生活，然而在那个暧昧的时代和同样暧昧的旧上海，离婚是要受道德谴责的，尤其在白公馆那样"古老"的几大家族中，更是将其当作奇耻大辱。因此，离了婚的白流苏，少不了受家人的指戳。当钱财被盘剥净尽之后，她的存在无疑就成了拖累和多余。所以说在那个时代那个社会背景之下，她的出路，除了另一个男人的怀抱以外，恐怕再无其他了。

于是，她成了一个名副其实的"赌徒"。她唯一的赌注是自己的青春和美貌，她不相信命运的安排，却又把自己交给命运。当她处于似乎不可挽回不可更改的生命悖论中时，只有从白公馆的时间轨道中挣扎出来，开始她个人生命的时间——将自己当作赌注，来博取范柳原的一纸婚约。

范柳原，一位海外归来的商人浪子，尽管拥有富有的庶出身份和俊逸不凡的外表，但他始终感到自己像一片无根的浮萍，四处飘

摇。生活的华丽与浮华让他成为众人追捧的"黄金单身汉",但在他的眼中,爱情和婚姻是不值得信任的,也是他所不敢期望的。然而,与白流苏的相遇和相识,改变了他对感情的看法。白流苏的坚韧和独立激发了他的热情,而他与白流苏的感情游戏也转变为真挚的情感。

在这部作品中,范柳原的角色体现了那个时代男性的思想观念和对女性的态度。然而,通过与白流苏的感情纠葛,他逐渐意识到自己的内心需求和真正的感情价值。最终,范柳原和白流苏成为夫妻,过上了他们曾经幻想的生活。这个结局不仅令人感到意外,也展示了作者张爱玲对人性复杂和情感变化的深刻洞察。

为了更好地理解这个故事,我们不妨来探讨一下张爱玲的性格。张爱玲自身就是一个充满矛盾的角色。她既是生活的享乐主义者,对悲剧感有着深刻的认识;又是名门之后,却以小市民身份自豪;她虽然悲天悯人,洞悉世间的"可怜"与"可笑",但在生活中却显得冷漠寡情。她的文章中充满了对生活的洞察和人情世故的通达,但她的内心却始终与读者保持距离。这种矛盾的性格深深地影响了她笔下的人物塑造。

以白流苏为例,她的性格中同样充满了矛盾。她是一个乱世中的普通女子,却有着张爱玲式的"自私"和顽固的"个人主义"。这种"个人主义"让她在面对生活的困厄时,选择了以自己的美貌作为赌注,去博取范柳原的爱情。

范柳原同样也是一个充满矛盾的角色。他是一个自私的男子,却也在某种程度上渴望真正的爱情。这让他和白流苏在浅水湾饭店的斗法中,逐渐产生了真挚的情感。然而,他们的矛盾性格和对立情感,注定了他们的爱情之路充满了艰辛。

小说的最后，范柳原和白流苏结婚，成就了那一个"死生契阔，与子相悦。执子之手，与子偕老"的美好誓约，应该说是一个圆满的结局。但是，他们的结合，或许更多是基于彼此的需要，如果不是倾了香港这座城，他们可能会继续保持各自的生活方式，永远不会结婚。这个结局展现了两人之间的深情和无奈，也表达了张爱玲对于爱情和人生的深刻思考。

在感情的旋涡中，两个太过自我的人，如何能共同编织一段长久的岁月？他们如同两颗行星，彼此吸引却互相排斥，无法在同一个轨道上共舞。

真正的爱，不需要等待。不是在你最需要他的时候，要期待他的出现。而是在你还没有需要他时，他已在你身边，护你周全。爱是一种难以言表的感觉，它是一颗愿意陪伴在对方身边的真心，是一首在孤独的夜晚唱给你听的甜蜜歌曲，而不是在寂寞的沙漠中苦苦寻觅的短暂安慰。

爱不是利用，不是利益的交换，更不是一张长期饭票。爱是尊重，是理解，是接纳你所有的优点与缺点，是与你共享喜怒哀乐，是在你成功时为你欢呼，是在你失败时为你拭泪。爱是付出，是无私的奉献，是为了对方愿意付出一切的决心。

读书就是读自己

Step 4

《倾城之恋》涉及亲情、友情和爱情三种重要的情感关系。这些情感关系在故事的情节和人物塑造上起着重要的作用，展现了张爱玲对情感描写的高超技巧，及人性的复杂性和深度。

《倾城之恋》是一部描绘人性复杂、情感变化丰富的小说。故事中的人物关系交织着亲情、友情和爱情，这些情感关系不仅推动了故事情节的发展，同时也深刻地影响了人物的性格和命运。

首先，亲情在故事中扮演了重要角色。白流苏和范柳原都有复杂的家庭背景，他们在家庭中承受了各种压力和痛苦。这种经历使他们更加珍惜彼此，并在相互的陪伴中找到了安慰和支持。他们的亲情不仅源于共同的困境，更源于相互的理解和接纳。这种深入骨髓的亲情关系，使得他们在面对生活的种种困难时，更加团结一致，共同抵抗。

在第一段婚姻中，白流苏遭遇了丈夫的毒打，身心受到严重伤害。她毅然决定离婚，回到娘家寻求庇护。起初，她带着离婚分得的财产，还能得到几个哥哥的庇护，但这点钱很快就被他们盘算得一干二净。于是，哥嫂们开始对她冷嘲热讽，让她感到无助和孤独。

当她的前夫去世，让她去上门守寡时，白流苏坚决拒绝了。

然而，她的哥嫂们却恨不得她立即离开白家。三爷毫不留情地讽刺她："住在我们家，吃我们的，喝我们的。"四奶奶则用光了她的钱后反过头来讥笑她晦气，说她是"一嫁到婆家，丈夫就变成了败家子。回到娘家来，眼见娘家就要败光了——天生的扫帚星！"母亲听了也只是叫她别跟他们一般见识。

家里两个要去相亲的女儿，宝络那边热闹非凡，而流苏这边却是冷冷清清。就连她自己的母亲也为了自己的声誉，怕别人说她虐待庶出的子女而决定牺牲自己亲生女儿的幸福。当范柳原从香港拍来电报让她去港之时，她母亲明明懂得这背后的真正意思，却仍然只是说："既然是叫你去，你就去罢！"亲自把女儿赶去做情妇。张爱玲笔下的母亲可谓是突破了五四以来"母爱"母题的桎梏，她所塑造的母亲无能、自私而又软弱，做着男权社会的帮凶，亲手扼杀儿女的幸福。

面对家庭的冷漠和无助，白流苏别无选择，以前途为注、以青春美貌为筹码进行了一场爱情的豪赌——"她是个六亲无靠的人，她只有自己了"。其实，这段传奇之恋的动机一开始就是悲凉的。

其次，友情在故事中也起到了关键作用。白流苏和范柳原在浅水湾饭店的相遇和相识，让他们在彼此身上找到了共同点。他们互相斗法，互相试探，但也在相互的较量中建立了深厚的友情。这种友情使他们更加深入地了解对方，同时也更加珍惜彼此的存在。他们的友情在故事中起到了润滑剂的作用，使得他们的爱情关系更加自然流畅。

在整部作品中，友情并未被过多地描绘，徐太太是白流苏唯一登场的亲密朋友。然而，即使是这样唯一的密友，对白流苏也仅是半分真情掺杂着半分假意。即使是热心为白流苏介绍婚事，也主要是基于自己的利益和考虑。

徐太太在白流苏面前表现得真心诚意,为她说几句公道话,如"你也太老实了,不怪人家欺侮你,你哥哥们把你的钱盘来盘去盘光了!就养活你一辈子也是应该的。"并热心地为白流苏张罗婚事,但最后却只为她介绍了一个有五个孩子的父亲。当范柳原对白流苏产生兴趣时,徐太太又热情地邀请她一起去香港。

聪明如白流苏,她完全明白这一切都不过是一场精心策划的人情戏。徐太太和她的丈夫与范柳原有着密切的生意往来,他们为了巴结范柳原,就"牺牲一个不相干的孤苦的亲戚来巴结他"。香港战事爆发时,徐先生和徐太太毫不犹豫地撇下白流苏,自顾自地搬到安全地带。然而在危机解除后,他们又自发前来恭贺新禧。

徐太太是社交场中的老手,她善于处理人际关系,清楚各种交往谋略。她对白流苏的那点好也不过是因为看中了她的青春美貌和潜在的利用价值。正是由于徐太太虚假友情的推动,白流苏得以顺利进入这场爱情的赌局,传奇的故事才得以展开。

最后,爱情是故事的核心主题。白流苏和范柳原之间的爱情并不是传统意义上的美满爱情,他们之间充满了矛盾和冲突。然而,正是这些矛盾和冲突让他们更加深入地了解对方,进而更加珍惜彼此。他们的爱情关系在故事中经历了种种考验,但最终他们在彼此的接纳和理解中找到了真正的幸福。

在深度剖析《倾城之恋》中的亲情、友情、爱情后会发现,这个故事蕴含了丰富的象征意义和深层次的含义,其远远超越了表面上的爱情故事。张爱玲通过这些情感关系的描绘,展现了人性中的善恶、欲望、悲欢离合等复杂的问题。故事中的每一个选择、每一个决定,都反映了个体在面对爱情、亲情和友情时的内心挣扎和矛盾。

蔡康永曾深沉地感叹："无数人在张爱玲的小说中，领悟到了那些不经意间错过的生活韵味。"在情感与私欲的纠缠中，我们如何抉择，如何平衡，如何去把握，这从根本上决定着我们人生的航向。

每一段感情，每一份私欲，都像是一面镜子，反映出我们的内心世界，反映出我们对生活的态度和对待。只有当我们真正理解并处理好感情与私欲的关系，我们才能找到真正的自我，找到生活的真谛。

让我们以爱为指引，以善为根基，去寻找内心的宁静，去拥抱生活的美好。让我们在纷扰的世界中，不忘初心，坚守善良，用真挚的爱去温暖每一个人，用无私的心去照亮每一个角落。

Step 5

　　《倾城之恋》没有激烈的冲突和戏剧性的情节，看似平淡、世俗，但这并不意味着其缺乏深度或内在的冲突。作者通过多种写作手法，生动地展现了日常生活的琐碎细节和人物之间的情感纠葛，增强了作品的可读性和感染力。

　　在《倾城之恋》中，张爱玲运用了多种文学手法，使得故事情节和人物形象更加生动、丰富，也使得作品具有深刻的现实主义和现代主义内涵。

　　首先，张爱玲运用了悲剧意识来揭示人物的命运和爱情的复杂性。

　　张爱玲通过白流苏和范柳原的命运和爱情，展现了社会的残酷和人性的复杂。两人都曾受到爱情的伤害，白流苏被前夫所欺骗，而范柳原则因为复杂的家庭背景和个人经历而难以相信爱情。他们在相互试探和较量的过程中逐渐产生了情感。最终，香港的沦陷成全了他们，但这也使得他们的爱情变得平淡无奇，失去了激情。这种悲剧意识的运用使得故事更加引人入胜，让读者对人物和情节产生共鸣和关注。

　　他们的悲剧命运和复杂的爱情让读者深刻地感受到了人生的无常和不易。这种悲剧意识不仅让人物形象更加深刻，也增强了小说的艺术感染力。读者在阅读过程中，不仅能够感受到人物的悲欢离合，也能够对自己的人生进行反思和思考。

其次，张爱玲运用了意象化的手法来丰富小说的表现力。

白公馆、墙、老钟、胡琴等都运用了意象化的现代手法，为小说注入了现代化的元素，使得其既传统又现代，既大雅又大俗。

白公馆是小说中一个重要的意象，象征着保守、传统和落后。通过描述白公馆的衰败和陈旧，张爱玲暗示了人物思想和社会观念的僵化。这种意象化的运用揭示了人物命运的悲剧性，以及他们在传统束缚下的无奈和挣扎。

墙作为另一个意象，则代表着永恒和隔离。在小说中，墙常常被用来分隔不同的人物形象和情节发展。它象征着人与人之间的隔阂和无法逾越的鸿沟，展示了人物在爱情和生活中的孤独与无奈。这种意象化的手法增强了小说的悲剧色彩，让读者深刻感受到人物内心的孤独和无助。

老钟则代表着时间的流逝和岁月的无情。在小说中，老钟常常被用来暗示时间的推移和命运的不可逆转。这种意象化的手法突显了人物在时间面前的渺小和无力，加深了小说的悲剧意识。

胡琴则象征着传统的文化和情感表达方式。在小说中，胡琴常常被用来演奏悲伤的曲调，传达人物内心的苦闷和情感。这种意象化的手法为小说注入了浓厚的文化氛围，使得人物形象更加生动、立体。

张爱玲运用意象化的手法为小说注入了新的生命和色彩。这些意象化的现代手法丰富了小说的表现力，使得人物形象更加生动、立体。这种独特的艺术风格为她的作品注入了独特的魅力，使其在文学史上独树一帜。通过这意象化的手法，张爱玲成功地将传统与现代相结合，将大雅与大俗相交融，展现了她对人性的深刻洞察和独特诠释。

最后，运用参差对照写法创造出一种反差强烈、充满张力的效果。

纵观张爱玲小说，其内容都扎根于日常生活之中，情节之间没有激烈的、正面的外在冲突。这种参差对照的写法在她的爱情婚姻的主要题材中得到了充分的展现，并且使她的叙事风格呈现出平淡化和世俗化。

白流苏和范柳原是两个截然不同的人物。白流苏是一个内心渴望爱情的女性，她工于心计，想要通过婚姻获得稳定的生活。而范柳原则是一个浪荡油滑的花花公子，他只追求自己的快乐，不愿被婚姻所束缚。二人在相互较量的过程中，展现出了各自的差异和矛盾。这种对照的写法使得故事更加真实，也使得人物形象更加鲜明。

香港的沦陷成为了二人命运的转折点。在这个关键时刻，他们选择了彼此，但是他们之间的游戏激情也随之消失。范柳原不再与他人调情，白流苏也只得忍受寂寞。这种转变使得故事更加深刻，也反映出了现实主义的主题。爱情和婚姻并非简单的黑与白，而是充满着复杂的利益关系和个人选择。

从腐旧的家庭走出来的白流苏，并未因为香港之战的洗礼而成为革命女性。而范柳原也并未因为结婚而完全放弃往日的生活习惯与作风。这种现实主义的手法使得小说更具有普遍性和真实感，也使得读者能够更深入地思考和理解小说中的人物和情节。

参差对照的写法使得小说更加深刻、真实、普遍。这种写法不仅丰富了小说的表现力，也使得读者能够更深入地思考和理解小说中的人物和情节。

正是这些写作手法的巧妙运用，让作品的每一个细节都在读者脑海中呈现出很强的画面感，一帧一帧的——文字仿佛被赋予了生命，每一句话都像是一幅画卷，徐徐展开，生动而立体。阅读她的作品，读者常常能够清晰地感受到她所描绘的场景和人物形象，就像是在观看一部生动的电影。

在《倾城之恋》中，作者还运用了现实主义手法，以此揭示社会的现实问题和人性的复杂。这种现实主义色彩使得小说具有了强烈的真实感和可信度，也使得读者能够更深入地思考和理解小说中的人物和情节。例如，小说中的人物们面临的婚姻问题、家庭压力、社会地位等都与当时的现实生活息息相关。这些问题的真实呈现让读者能够更好地感受到人物的困境和挣扎，也引发了读者对于现实社会问题的思考。

Step 6

在这部作品中,张爱玲运用了独特的语言风格和技巧。她的文字简洁而有力,用词精准而富有诗意,语言既具有现代文学的鲜活感,又不失传统文学的优雅和内涵。这种语言风格使得故事具有了独特的文学风格和魅力,也让读者领略到张爱玲的文学才华与独到的艺术视角。

在华语现代文学的瑰丽殿堂中,张爱玲独树一帜,以其独特的语言风格和敏锐的观察力,成为了当之无愧的文学巨匠。在《倾城之恋》这部经典之作中,她运用了其细腻、婉约、富有诗意的语言风格,将故事的情节和人物形象刻画得淋漓尽致。

首先,古典文学气息与现代小说技巧的结合。

她深受中国传统文化熏陶,对古典诗词和古代小说有着深入的了解,这使得她的作品充满了古典文学的气息。在《倾城之恋》中,她运用了许多中国化的元素和表述,如"山阴的烟是白的,山阳的是黑烟"。以及白公馆的环境描写和女主人公白流苏的刻画等,都展现了她对古典文学的深厚功底。

同时,张爱玲也运用了西方现代小说的写作技巧。她借鉴了弗洛伊德的理论,善于对人物心理进行细腻描写,将意识流手法融入小说中。在《倾城之恋》临近结尾时，白流苏与范柳原共眠的夜晚有一段这样的描写："三条骈行的灰色的龙，一直线地往前飞，龙身无限制地延长下去，看不见尾……后来，索性连苍龙也没有了，只是一条虚无的气，真空的桥梁，通入黑暗，通入虚空的虚空。"张爱玲通过描述一条无尾的龙和通入黑暗的虚空，表现了白流苏半梦半醒的状态和内心的混乱。这种独特的意识流手法使小说更加具有现代感和深度。

其次，兼具世俗化与诗意化的语言。

在《倾城之恋》中，张爱玲运用了大量的口语化表达和俚语，使得小说更加贴近普通人的生活。例如，在描写白流苏和范柳原的对话时，她运用了简洁明了的词语和短句，使得人物之间的交流更加生动自然。这种口语化的表达方式不仅增强了小说的可读性，也让读者感受到了普通人在生活中的真实情感。

同时，张爱玲在小说中也运用了大量的诗意化语言。她通过细腻的描绘和比喻，将自然景观与人物情感相互映照，使得小说中的人物形象更加立体，情感更加丰富。例如，在描写白流苏和范柳原共眠的夜晚时，她运用了"那整个房间像暗黄的画框，镶着窗子里一幅大画"的描绘方式，使得读者能够更加深入地感受到人物内心的情感变化。再如，"一汽车一汽车载满了花，风里吹落了凌乱的笑声。"这些语言或运用了通感，或运用了比喻，含蓄凝练，高雅和谐。

世俗化与诗意化的语言风格使得作品既具有日常生活的真实感，又充满了诗意的美感，并为读者提供了更加丰富的阅读体验。

最后，电影镜头式的语言组合。

张爱玲的许多作品被改编成影视作品，不仅因为故事情节吸引人，还因为她的语言像电影镜头一样，能制造出强烈的画面感，极富表现张力。在《倾城之恋》中，张爱玲运用了电影镜头式的写作技巧，通过描写人物的动作、表情和细节，让读者能够身临其境地感受到故事的情节发展。她运用了大量的描绘手法，如比喻、象征、描绘等，使得小说中的场景、人物形象和情感状态都如同电影画面一般生动、立体。

例如，"一定还屹然站在那里。风停了下来，像三条灰色的龙，蟠在墙头，月光中闪着银鳞。她仿佛做梦似的，又来到墙根下，迎面来了柳原，她终于遇见了柳原。"这段描述运用了电影镜头式的技巧，通过描绘环境的细节和流苏的情感状态，制造出了画面感极强的电影效果。这种写作手法让读者仿佛置身于流苏的视角中，感受到她对周围环境的感受和对未来的忧虑。

在这个场景中，张爱玲运用了形容词"悲凉""昏黄""银鳞"等来描绘环境，营造出一种静谧、凄凉的气氛。同时，通过描述白流苏的"拥被坐着"和"听着那风"，突出了她的孤独和无助。这种细腻的描绘方式让读者能够更加深入地感受到流苏的情感状态，也增强了小说的表现力和感染力。

除此之外，整部小说以冷静的笔调、近似全知全能的上帝视角呈现了一个苍凉的世界。故事以一对异乡漂泊的男女为主线，通过战争的洗礼，他们逐渐走近并相互取暖。然而，这并非一个简单的爱情故事。在张爱玲的笔下，它成了一部人生的悲剧，以表面的幽默描写掩盖了内在的苦涩。

正如张爱玲所说："我是喜欢悲壮，更喜欢苍凉。壮烈只是力，没有美，似乎缺少人性。"所以，读者从一开始就能感受到扑面而来的苍凉。整个故事在这悲切的琴声中展开，又在悲切的琴声中落幕。悲切、苍凉和虚幻完美地融合在一起，给读者带来了深刻的阅读体验。

张爱玲以其独特的语言风格和深刻的文学价值，为《倾城之恋》赋予了独特的魅力。比如，她运用了一种诗意般的语言风格，将小说中的场景和人物描绘得栩栩如生。其文字既简洁又生动，每一个细节都饱含情感和韵味。同时，她运用细腻而丰富的情感描写和富有节奏感的叙述方式来吸引读者的注意力，让读者沉浸在一个真实而感人的世界中。这些特点使得《倾城之恋》成为了一部经典的爱情小说，深受读者喜爱和推崇。

Step 7

1943年,张爱玲的《倾城之恋》震撼登场,犹如一颗璀璨的明星,在上海文坛上空熠熠生辉。这部小说的问世,不仅奠定了张爱玲在文学界的地位,更像一面旗帜,标志着她的才华终于得到了广大读者的认可和赞赏。

《倾城之恋》汇聚了作者独特而丰富的视角与深邃的思考。它的出版引起了广泛的关注和讨论,无数读者被小说中的情节和人物所吸引。

文学批评家苏炜给予了极高的评价,他认为:"把《倾城之恋》放在'五四'以来任何一位经典作家的名著之林,只有谁能企及,而不存在是否逊色的问题。"这句话不仅肯定了《倾城之恋》的艺术价值,更将其放在了中国现代文学的历史长河中,认为其具有不可替代的重要地位。

一是文学价值。

《倾城之恋》作为一部文学作品,具有极高的文学价值。它不仅展现了现代都市中男女之间的情感纠葛,还体现了张爱玲对人性、社会和时代的深刻思考和见解。

《倾城之恋》以其深刻的主题和独特的故事情节,成为中国文化宝库中的一部分。如果没有读过《倾城之恋》,一定以为这是个绝美的爱情故事，当你读完才发现，那只是以爱的名义，在城市将倾时的妥协。在现实中最终沦为庸俗。

小说中对于爱情、婚姻、人性的探索和思考，以及对于封建社会的批判和反思，都具有重要的文化意义。小说中的人物形象反映了人性的各种面貌，包括善良、自私、懦弱、勇敢等。通过对人性的探索，张爱玲呈现了现代都市中人们的生存状态和内心世界。

同时，《倾城之恋》以其独特的语言风格和细腻的心理描绘，影响了后来的文学作品，为后来的作家提供了重要的借鉴和启示。

二是历史价值。

《倾城之恋》通过对香港这个城市的描写，呈现了当时社会的现实状况和文化背景。香港是一个具有重要历史地位的城市，在近代中国历史上扮演了重要的角色。通过小说中的人物活动和情节发展，读者可以了解到当时香港社会的风土人情、文化习俗以及政治经济状况等方面的信息。这些历史背景的呈现，对于我们了解那个时代的社会生活和文化状况具有重要的参考价值。

三是美学价值。

张爱玲的作品以其独特的语言风格和深刻的情感描写而独树一帜，给人一种"悲中带喜"、喜忧参半的美感享受。在《倾城之恋》中，张爱玲运用了"酒神精神"的意蕴，这种意蕴给人以深刻的美感享受，并具有一定的反讽意味。

作品中的悲剧美是重要的表现形式，这种悲剧美的表达不仅仅局限于故事情节的展开，还通过环境渲染、意境美和语言美的表现等多种手法来实现。通过对小说中人物形象的深入剖析，我们可以看到张爱玲对自由恋爱的描写和对没有情爱的爱情婚姻的刻画，这些描写和刻画都展现了中国当时的主流民族意识，是当时社会大环境的真实刻画。

无论是对语言美的研究，还是对小说意蕴美的研究，都建立在小说悲剧美的研究基础之上。因此，《倾城之恋》的研究价值是不言而喻的。这部小说不仅仅是一部具有美学价值的文学作品，更是一部具有历史价值的经典之作。通过对这部小说的深入研究，我们可以更好地理解中国现代文学和文化的发展历程，同时也能够感受到张爱玲作为一位伟大作家所具备的独特才华和深刻洞见。

除此之外，《倾城之恋》对中国现代文学的影响也不可忽视。它先后被改编成电影、电视剧、话剧等多种艺术形式。这些改编作品在不同程度上影响了观众对于小说原著的理解和接受。同时，随着这些改编作品的广泛传播，《倾城之恋》也成为了中国现代文学的经典之作。

这部小说如同一面镜子，让我们看到了那个时代人们内心的动荡与不安，同时也让我们思考了关于生活、情感和人性的诸多问题。

生活，如同一条蜿蜒曲折的河流，我们每个人都是那河流中的一叶小舟，漂浮在时间的流水中。情感，是生活的色彩和灵魂。它们或热烈如火，或温柔如风，或忧郁如雨，或明亮如晴。人性，是生活和情感的根源。它复杂而深刻，既包含善良与恶意，也包含自私与无私。

生活让我们体验了种种苦难和欢乐，情感让我们感受到了种种温暖和冷漠，人性让我们认识到了种种真实和虚伪。正是这些经历和认识，让我们更加珍惜和热爱生活，让我们更加理解和接纳自己和他人的不完美。

Chapter *3*

《莎菲女士的日记》·如若不懂得我,我要那些爱做什么

我时常在生活的狂喜与绝望间跌宕,体验着情感的虚假与真实。

Step 1

她不是闺秀，也不是名媛，只不过是在艰难的环境中磨砺出的真性情女子。尽管所受的教育有限，但她的才华却如同璀璨的繁星，在文坛上独放异彩。她的文字，如同清泉流淌，纯真而深情，它们大多源自她那未经雕琢、鲜活无拘的内心世界。

丁玲，原名蒋伟，字冰之，著名作家、社会活动家。她出生于湖南临澧县一个没落的封建世家，4岁丧父，从小跟随母亲辗转求学。

1918年，14岁的丁玲离开家乡，开始了独立的奋斗生涯。她的笔名"丁玲"在当时文坛上享有盛名，成为她创作生涯中的重要标识。

丁玲的创作生涯始于20世纪20年代，她的处女作《梦珂》于1927年发表在《小说月报》上，从此开始了她的文学创作之路。她的早期作品以觉醒的资产阶级女性的叛逆性格和时代苦闷为主题，情感浓烈、率真、细致。

1927年，大革命失败后，中国社会处于瞬息万变的时代风烟中，许多小资产阶级知识青年因为找不到出路而感到苦闷与彷徨。时年，她创作了《莎菲女士的日记》，发表于1928年2月《小说月报》19卷2号，后收入短篇集《在黑暗中》，是丁玲早期的代表作。在《莎菲女士的日记》中，她以日记体的形式，细腻而真实地刻画出女主角莎菲倔强的个性和反叛精神，以及她脱离社会、追求个人主义所带来的悲剧结果。

现代作家、文学评论家茅盾在《女作家丁玲》中评价说："丁玲笔下的莎菲女士是心灵上负着时代苦闷创伤的青年女性的叛逆的绝叫者。莎菲女士是一位个人主义，旧礼教的叛逆者。"

在1931年，丁玲选择加入了左联，并负责主编左联的机关刊物《北斗》。一年后，她正式成为中国共产党的一员。1933年5月，丁玲在上海进行地下活动时被捕，开始了三年的秘密囚禁生活。在国民党的特务机关里，她经历了无尽的磨难和痛苦。

然而，丁玲并没有放弃希望。三年后，她利用特务机关对她监控的放松，秘密地逃出了监狱。在地下党的掩护和帮助下，她历经曲折，终于在1936年11月抵达了当时中共中央的所在地——陕西保安县。在那里，她重新与党组织取得了联系，继续为革命事业奋斗。

抗战时期，她担任西北战地服务团主任。解放后任中国作家协会副主席。丁玲早期创作以写觉醒的资产阶级女性的叛逆性格与时代苦闷见长，感情浓烈、率真、细致。她以敏锐的观察力和细腻的笔触描绘了社会底层人民的生活和时代进步的历程。

她的代表作之一长篇小说《太阳照在桑干河上》以农村为背景，生动地描绘了农民在中国历史进程中的地位和作用。这部作品获得了1951年度斯大林文学创作奖，为丁玲的文学成就奠定了坚实的基础。

丁玲的一生充满了传奇色彩。她与冰心、林徽因、苏雪林等家境优裕、入读名校、娴雅温良的女作家不同，她是一位经过艰苦环境磨砺的女性。她的作品大多表达了对生活和社会的独特感受。她的爱情经历也十分曲折和丰富，尽管曾经遭受非议和误解，但她始终坚持自己的选择和追求。

在现代文学史上，丁玲是一位具有独特魅力和影响力的女性作家。她的作品不仅具有文学价值，同时也具有历史价值和文化价值。她的作品深刻地反映了当时社会的现实状况和文化背景，同时也展现了女性在历史进程中的地位和作用。丁玲的勇敢和坚韧也成为女性自主和独立的代表，激励着后来的女性追求自己的梦想和自由。

《莎菲女士的日记》在一定程度上也体现了丁玲的个人经历与情感体验，以及其对生活和人性的独特见解和深刻洞察。她的一生与充满了曲折和变故，她的家庭背景、感情经历、人生追求与信仰以及政治遭遇都使得她的生活充满了戏剧性和变幻莫测的色彩。这种"折腾"的生活方式也反映在她的人生哲学中，她勇敢地追求自由、独立和真理，不满足于传统的家庭角色和社会地位，这给她带来了极大的痛苦和挫折，同时，也使得她的生活更加充实和有意义。

读书就是读自己

Step 2

《莎菲女士的日记》是丁玲在《在黑暗中》之后创作的一部日记体小说，也是她早期小说的代表作之一。它展现了五四运动后北京城中一群青年的生活与爱情。小说中的莎菲，作为一位具有代表性的女性形象，象征着那个时代众多女性追求独立、自由和真实自我的精神。

1923年，丁玲来到上海，并在这里开始了她的文学创作生涯。她的早期作品以小说为主，反映了当时社会底层女性的苦难和追求。1927年，丁玲发表了中篇小说《在黑暗中》，这部小说以日记体的形式描绘了一个女性在黑暗社会中的苦闷和追求。这部小说引起了广泛的关注和讨论，尤其是女性读者对其中的女主角产生了强烈的共鸣。

之后，她撰写了《莎菲女士的日记》。她的创作深受当时的社会和文化背景的熏陶和影响。丁玲出道时，正值五四新文化运动的退潮期，又恰逢"大革命"失败，脆弱的个性启蒙意识已无疾而终。此时的文坛比较沉寂，这种时代风潮，是丁玲身份转变的外在动力。

这部作品描绘了当时北京城中一群男女青年的感情生活，同时也反映了当时社会的复杂背景。这一年，中国的政治局势发生了巨大的变化，国军北伐取得节节胜利，但同时也发生了反革命事变，导致大革命失败。五四运动以来的进步使知识阶层也出现了分化，革命热情逐渐转入低谷。作为具有进步倾向的年轻丁玲，对时局感到不满，但又无处诉说，处于一种郁闷焦灼的境地。同时，由于经济困难，她不得不靠发表作品来维持生计，这也使她的作品中渗透了她的怅惘和彷徨。

在这个历史时期，虽然中国女性在身心上已经得到了一定程度的解放，但这种解放并不彻底。加上时局的动荡和进步保守的消长，使得她们处于一种旧体系将破未破、新制度将立未立的过渡阶段，充满了纠结和躁动的思绪。

在《莎菲女士的日记》中，丁玲通过莎菲的形象，展现了当时小资产阶级知识青年的苦闷和彷徨。莎菲是一个具有代表性的女性形象，她追求真正的爱情和自我价值，但却找不到方向和出路。她的反抗最终以悲剧收场，但她坚持追求自我和勇敢面对困境的精神却成为女性文学中的经典形象。

这部作品不仅展示了当时社会的历史背景和知识青年的情感生活，也深刻揭示了女性在追求个人主义道路上的挣扎和苦闷。它不仅是一部文学作品，也是一部具有历史意义和社会价值的经典之作。

自1928年首次发表以来，《莎菲女士的日记》不断再版，并被翻译成多种语言，成为文学殿堂中的经典之作。

近年来，《莎菲女士的日记》受到了越来越多的关注和研究。国内外学者们纷纷从不同角度对这部小说进行深入探讨，包括女性主义、心理分析、文化研究等方面。他们分析了莎菲的形象和性格，探讨了她在文学中的地位和意义，以及她所代表的女性意识和社会问题。这些研究不仅深化了我们对这部经典作品的理解，也为我们提供了多维度的思考视角。

除了学术界的关注，《莎菲女士的日记》还被改编成多种艺术形式，包括电影、戏剧、舞蹈等。这些改编的作品在国内外舞台上展示了其永恒的艺术魅力，吸引了无数观众和读者的目光。无论是电影中细腻的情感描绘，还是戏剧中丰富的表演张力，抑或是舞蹈中灵动的身体语言，都让我们看到了这部作品在不同艺术领域中的魅力。

《莎菲女士的日记》具有深刻的思想内涵和文化价值。它反映了五四运动后几年中国知识青年的苦闷和不懈追求，展示了女性在封建社会中的困境。这部小说不仅是对当时社会现实的反映，也是对女性意识的觉醒和追求的呼唤。它不仅是一部文学作品，更是中国现代女性文学的代表作之一。它以其独特的艺术表现手法和深刻的思想内涵，影响了后来的文学作品和对女性话题的探讨。

该作品以其细腻的写作风格、敏锐的触角、前卫的女性意识、毫不遮掩的笔触，细腻真实地刻画出女主角莎菲反叛精神和倔强的个性——叛逆并不是逆来顺受的反义词，而是一种有思想、有勇气、有态度的青春舞者。在人生的旅途中，那些叛逆的路人常常被描绘为"别扭"和"难以驾驭"的角色。然而，正是这种"别扭"和"难以驾驭"赋予了他们独特的个性和无限魅力，使他们在世界上留下了深刻的印记。他们的存在，如同夜空中最亮的星星，指引着我们在生活的迷雾中前行。他们以自己的方式，展示了生命的力量和勇气，为世界增添了一抹绚丽的色彩。

Step 3

丁玲笔下的莎菲形象饱满，富有时代特征。她的挣扎、她的痛苦、她的追求都深深打动了我们，让我们看到了那个时代女性的困境和追求。她的理想从未实现，她的思想无人理解，因此世人只能看到她的乖张、叛逆和狷傲。

《莎菲女士的日记》由34篇日记组成，展现了主人公莎菲内心的独白。前三篇描述了莎菲生活的单调和内心的孤寂。从第四篇开始，主要描述了莎菲与凌吉士相遇后的激情、矛盾和痛苦。整部作品刻画了一个受到五四运动冲击的封建家庭的叛逆女性莎菲的形象。她追求个性解放，但找不到正确的道路；她渴望灵与肉的统一，却陷入失望和痛苦之中。

全文采用散文式日记体的形式，行文流畅自然。其细腻、委婉、深刻且生动的心理描写，代表了丁玲主要的艺术成就。

在日记的开始，莎菲的一天从清晨的读报纸开始。她一字不落地阅读着报纸的每个角落，重复着相同的阅读过程，仿佛试图从这单调的阅读中寻找生活的些许新意。她热牛奶，一杯又一杯，听着窗外客栈的嘈杂声音，日复一日，毫无变化。

这个环境带给莎菲一种沉闷和压抑的感觉，她的生活似乎被困在这个单调的循环中，无法挣脱。然而，尽管环境如此，莎菲的内心却充满了对"新"的追求和渴望。她渴望着生活中出现新的刺激和变化，就像人们期待着新的一天和新的故事。

莎菲在这个乏味的环境中孤独地生活，她的内心充满了对未知事物的探索欲望。尽管现实生活中的她无法找到新的乐趣和刺激，但她的内心世界却充满了想象和期待。这种期待和想象的力量使得莎菲始终保持着对生活的热爱和希望，尽管现实生活带给她的是一种压抑和沉闷的感觉。

丁玲以其独特的女性手法和视角，细腻且大胆的笔风，让读者脑海中浮现出一个栩栩如生、鲜活的女子。莎菲在丁玲的笔下，没有将自己视为男性的附属品，而是将自己置于与男性平等甚至可能超越男性的位置。她让莎菲自己做出选择，而不是仅仅供男人挑选，这体现了丁玲的女权意识，同时，也揭示了那个时代的苦闷。

那种急切想要改变，想要打破旧思想囚笼，却无力逃脱现状的苦闷，压得青年喘不过气来。文中的莎菲也是如此。她渴望找到一个能理解她真正思想的人，然而当她向苇弟展示自己的日记时，苇弟却只体会到莎菲对他的冷漠；当她向毓芳吐露心声，寻求理解时，却换来了毓芳的不解。

作为丁玲笔下的一位20世纪20年代女性形象代表，在新思潮的影响下，她反对封建伦理道德，追求个人解放，寻求完美的婚姻和尽善尽美的爱情。

然而，莎菲同时也是一个个人主义者，她将美和爱视为个人事务，因此以一种玩世不恭的态度来对待生活和感情。这使她不可避免地陷入了一种巨大的痛苦之中。尽管苇弟真心爱着莎菲，但莎菲却并不喜欢他，认为他平庸无奇，并尽情地嘲笑和捉弄他。相反，莎菲却爱上了凌吉士,而他是一个卑鄙的小人,根本不值得爱。

在一篇日记中,莎菲这样描述了她与凌吉士之间的感情纠葛:

这几天我都见着凌吉士,但我从没同他多说过几句话,我是决不先提到补英文事。我看见他一天要两次的往云霖处跑,我发笑,我准断定他以前一定不会同云霖如此亲密的。我没有一次邀请他来我那儿去玩,虽说他问了几次搬了家如何,我都装出不懂的样儿笑一下便算回答。我是把所有的心计都放在这上面用,好像同着什么东西搏斗一样。我要着那样东西,我还不愿去取得,我务必想方设计地让他自己送来。是的,我了解我自己,不过是一个女性十足的女人,女人是只把心思放在她要征服的男人们身上。我要占有他,我要他无条件地献上他的心,跪着求我赐给他的吻呢。我简直癫了,反反复复地只想着我所要施行的手段的步骤,我简直癫了!毓芳和云霖看不出我的兴奋来,只说我病快好了。我也正不愿他们知道,说我病好,我就假装着高兴。

在这篇日记中,莎菲表达了她对爱情的渴望和追求。她坦诚地表达了自己对凌吉士的喜欢和爱意,同时也揭示了她内心深处的矛盾和痛苦。这篇日记不仅展现了莎菲的情感世界,也呈现了她独立思考、勇敢追求自我价值的精神面貌。

这并不是一场普通的三角恋爱,表达了莎菲在面对两个追求者时的态度,以及这两个追求者的特点。他们看似充实和勇敢,有足够的信心去追求,但实际上他们内心空虚、寂寞,缺乏真正的勇气和决断。

最后,莎菲的选择是,放弃对爱与美的追求,到一个无人认识她的地方去,静静地生活,静静地死去。莎菲的悲剧命运深刻地揭示了这样一个问题:"五四"以后,许多时代青年勇敢地冲出了封建旧家庭，迈出了勇敢的一步。然而，冲出来之后该怎么办？如何真正找到自己的理想和爱，如何在社会中找到自己的位置？这依然是当时十分严峻的时代主题。

小说通过莎菲，一位身患肺病的女士，以日记独白和第一人称的叙述方式，向读者敞开她的内心世界，接近而又真实地去感受莎菲的心理——莎菲是一个"觉醒"了的人，却"觉醒"得不够彻底。

在生命的旅程中，我们都会经历一段沉睡的时光。那时，我们如同一颗沉睡的种子，被黑暗和寂静所包围，无法感知到外界的喧嚣与繁华。然而，正是在这样的沉睡中，我们悄然觉醒，开始了一场关于生命、关于自我、关于世界的探索之旅。在这个过程中，我们会经历许多挑战和困惑，但正是这些挑战和困惑让我们更加坚定地走向觉醒的道路。我们会逐渐放下对物质世界的执着，开始追求内心的平静和满足。我们会学会接纳自己的不完美，并从中寻找力量和智慧。

Step 4

《莎菲女士的日记》生动地描绘了一个心高气傲、渴望自由爱情的理想主义者——莎菲。她将最深沉的情感隐藏起来，让自己被痛苦和快乐、孤独和激情所吞噬；她渴望拥抱世界，却又犹豫不决；她追求真爱，却又不愿妥协。这本日记记录了她所有的心事，展现了这个女人最私密的情感。

爱一个人，如同划破夜空的流星，纵然瞬息即逝，却能让人心生欢喜。然而，理解一个人，却像深海探秘，需要潜入未知的黑暗，去发现那隐藏在海底的瑰宝。

一百多年前，《玩偶之家》中的娜拉，以其出走之举，宣示了对无爱情感的反抗，被赞誉为新时代女性的典范。娜拉，这个曾经被视为独立、自由象征的女性，她的出走是一次勇敢的反抗，一次对无爱情感的宣战。但是，娜拉出走之后呢？鲁迅先生犀利地指出，娜拉只有两条路可走：不是堕落，就是回来。

我们不禁要问：为什么娜拉不能有一个更好的结局？为什么她不能真正地独立、自由地生活？

而丁玲的《莎菲女士的日记》中的主人公莎菲，展现出了比娜拉更为坚定的反抗意识。她以无畏的追求，燃烧自我，勇敢地挑战内心的欲望和追求。丁玲以其细腻的笔触，描绘了莎菲复杂多变的情感历程，展现了她内心深处的渴望与挣扎。

郭冰茹在评价这部作品时，指出它是一幅年轻人寻找自我认同的生动记录。在这部作品中，丁玲通过独特的日记体形式，巧妙地将人物的声音作为第一表达者，细腻地呈现了莎菲从被理解的渴望到对欲望的追寻，最终陷入绝望的心路历程。

首先，她渴望被理解。

莎菲对爱情的追求，更多地体现在她对爱情的理解上：追求灵与肉的统一。她希望得到真正的爱情，而不仅仅是感官的享受。

在作品中，有两个与她产生情感纠葛的人物：一个是苇弟，他对莎菲的爱是热切而忠诚的，但他无法理解莎菲的内心世界；另一个是凌吉士，他点燃了莎菲的爱情之火，但他的卑劣灵魂让莎菲感到绝望。

苇弟是一个诚实善良的人，他对莎菲的包容体贴让人感到温暖。然而，莎菲却始终无法对他产生爱情，因为她认为他思想平庸，缺少丰仪。尽管周围的人都认为苇弟是她未来的好丈夫，但莎菲无法接受他的爱。

这时，凌吉士出现了。他的丰仪和优秀让莎菲感到心动。然而，当莎菲大胆地表达爱意并追求他时，却发现他只是一个需要金钱和虚荣的人。他的爱情只是为了满足自己的虚荣心，而并非真正的爱情。在面对凌吉士时，莎菲感到矛盾和痛苦。

莎菲渴望被理解，她追求的是一种高尚的情趣和共同理想的爱情。然而，在那个时代，她注定无法得到这样的爱情。她与她爱的人灵魂无法匹配，与爱她的人精神无法共鸣。这使得她的全部痛苦和泪水源于没有理解、没有心灵沟通的情感悲剧。

其次，她对爱情有很高的欲望。

《莎菲女士的日记》创作于1928年，在当时的社会，男女关系往往被视为一种固定的模式，女性往往被视为男性的附属品，缺乏独立性和自主性。然而，莎菲却以自己的行动打破了这种观念。

她追求着真正的爱情，渴望得到男性的理解和尊重。她不愿意被视为一个简单的对象，而是希望成为一个独立的个体，与男性平等地站在同一个平台上。

在莎菲的追求中，我们可以看到她对男女关系的重新定义和理解。她认为，爱情应该是建立在相互理解、尊重和平等的基础上的。只有这样，才能实现真正的爱情。莎菲的这种观念，在当时的社会中是极具挑战性的。她的行为和思想打破了传统的束缚，为女性争取了更多的自由和平等。

然而，莎菲的追求并不被所有人所理解和接受。她遭到了很多人的非议和批评。但是，这并没有动摇她的信念。她坚持着自己的追求，不断地探索着真正的爱情和男女关系的本质。在作品中，人物的"新思想"与社会的"旧风气"格格不入。而正因为她的格格不入，所以她对生活注定绝望。

最后，绝望饱含思想觉醒的隐喻。

日记中多次提到死亡，如"多无意义啊，倒不如早死了干净""似乎这酒便可在今晚致死我一样"等，但作者真正想要抒发的是求而不得的时代苦闷。

在20世纪20年代中期的中国，新旧交替、进步与反动激烈搏斗的时期，觉醒的青年男女急于冲破旧思想牢笼，寻求光明的出口。然而，这个社会仍然充斥着压抑的氛围，压得他们喘不过气。这使得他们感到不可抑制的苦闷。鲁迅先生曾经指出，人生最苦痛的是梦醒了无路可走。这正是那个时代背景下的"时代病",也就是这里所说的"时代苦闷"的真正内涵。

丁玲在晚年明确指出,《莎菲女士的日记》写的是第一次大革命以前一些人的苦闷。幼年丧父导致家境败落,在寄人篱下的生活中,使她受尽了冷眼,因此形成了她性格中独特的敏感和自尊,也令她对于温暖和理解有着更高的追求。而莎菲的人物形象,就是她在时代的苦闷之下创造出来的。

《莎菲女士的日记》中,莎菲的寻爱历程其实就是寻找光明与时代抗争的历程。不仅是因为她有着大革命后的中国青年希望挣脱牢笼的迫切,更是因为她在寻找人生的意义所在,当这种寻找无望时,就会绝望。因此可以说,《莎菲女士的日记》的苦闷不是莎菲一个人的苦闷,更是一个时代无法挣脱的苦闷。

在这个物欲横流的时代,虚假的应酬和肤浅的交往似乎成为主流,真正的友情、爱情变得越来越稀缺。但是,我们仍然像《莎菲女士的日记》中莎菲一样,渴望拥有纯正的友谊,真正的爱情。

如果一份感情让你觉得遗憾,那就没什么可遗憾的了。因为真正好的感情,是让对方无怨无悔地和你在一起的。如果没有在一起,那再好的感情又有什么用呢?人生有几件事情必须是实利主义,爱情便是其中一件。许多时候,再多的深爱,也比不上一次陪伴。爱情的终点,不在于激情和浪漫,而在于在彼此的身边。

Step 5

丁玲的《莎菲女士的日记》以日记体展现了人物的复杂多面，故事线条简洁，但人物形象却生动鲜明。莎菲的形象犹如一幅细致入微的画卷，展现了她内心的矛盾与挣扎，让人在阅读中不禁为之揪心。

阅读莎菲女士的日记，总给人一种窥视的感觉，似乎在偷窥一位女士的复杂心思。十二月二十四至三月二十八日，一段不长的时间，却让人看到了一位女士复杂的心思。

她与丁玲笔下的云霖、苇弟、毓芳、凌吉士等一直沉睡在旧时代阴影下的人物形成了鲜明的对比，似乎是他们的存在，让莎菲变成了一个"孤独的人"，甚至可以说，是它们近乎将莎菲一步步推向死亡。

莎菲是一个在外漂泊，孤独求学的女性，她对生活抱有美丽的幻想，但现实却残酷地摧残着她。她是一个觉醒但尚未完全觉醒的灵魂，充满了新旧交织的矛盾。她的善良与任性并存，倔强骄傲与脆弱压抑在她身上得到了完美的体现。仿佛所有的矛盾都集中在她身上，让她成为了一个独特而复杂的人物形象。

在文学界，莎菲的形象受到了许多人的关注且颇多争议，有好有坏。即便现在，文学家们仍然对这一形象褒贬不一。

下面对莎菲的形象做一简要分析：

一是孤独。

"今天又刮风"，"伙计又跑进来生火炉"，每一个"又"字，都揭示了莎菲生活的单调和重复，以及她内心深处的烦躁和无奈。独自一人，带着病痛，她孤独地、寂寞地等待着，靠着不断地煮茶叶蛋和翻阅无味的报纸来消磨时光。生活已经失去了新的快乐，甚至失去了生气的理由，这样的生活还有什么意义？

莎菲内心强烈地渴望有人能够理解她，然而现实却证明，这一切都是奢望。苇弟的坚持和爱慕，她的父亲、姐妹、朋友的盲目关怀，凌吉士的情欲之火，这些都只是将她推向绝望的边缘。

蕴姐是唯一能给她安慰和希望的人，但是她也离开了这个世界，断绝了莎菲生的希望。这算是什么？难道上天在暗示"我"应该结束生命了吗？这个世界的冷漠和残酷让人心寒。

二是任性。

在《莎菲女士的日记》中，有一些语句体现了莎菲的任性。比如：

苇弟若来道歉，我也不要理他，真倒霉，碰见这种人！

我走了，什么也没给他做，只把我的嘴掀了一掀，做出冷笑的样子。

苇弟的信又来了，我偏不答他。

苇弟的信刚送来，我预备撕掉。

这些语句都表现了莎菲的任性和自我中心。她对待苇弟的态度表现出她对他情感上的依赖和矛盾，但是当她感到不满或者受到限制时，她就会表现出任性和自我中心的行为。

三是矛盾。

莎菲是一个矛盾的人物，她的内心充满了复杂的情感和矛盾的思想。她渴望苇弟能够陪伴她，但是当苇弟真正前来的时候，她又会给人难堪，让他悻然离去，然后自己又会感到怅然若失。这种行为让人难以理解，但是从莎菲的角度来看，她似乎是在寻求一种平衡，希望能够在得到自己需要的同时，也能够保持自己的独立和自尊。

莎菲对苇弟的态度也是复杂多变的。虽然她厌烦苇弟的哭哭啼啼，但是她仍然需要他的陪伴。这种需要可能是出于对爱的渴望，也可能是因为她感到孤独和无助。在某种程度上，莎菲认为自己与苇弟是同一类人，他们都有着脆弱和敏感的一面。因此，她对待苇弟的态度既有挑剔和不满，也有关怀和同情。

莎菲对凌吉士的态度则更加矛盾。她迷恋他的外貌，但是又鄙视他的丑陋灵魂。这种矛盾的情感让莎菲在面对凌吉士的时候感到十分纠结。她想要亲近他，但是又碍于礼数故作矜持。这种矛盾的态度让人感到无奈和悲哀。

她渴望被了解、渴望倾诉，但是又害怕被人窥伺，不愿意让人太容易看穿自己。这种矛盾的态度让她与周围的人格格不入，也让她的人生变得更加复杂和艰难。

四是有觉醒意识。

莎菲大胆地追求爱情，她不会因为性是禁忌就避而不谈，也不会因为社会道德的压力而放弃自己的感情。她追求爱情，追求与异性的亲密关系，这表明她对情感和性的需求是真实而强烈的。

此外，莎菲的觉醒意识还体现在她对周围人的态度上。她嘲笑毓芳和云霖的"纯洁"，认为他们虚伪且做作，这表明她对传统道德观念持有一定的怀疑态度。同时，她也批评那些所谓的"禁欲主义者"，认为他们只是限制自己的欲望，而不是真正面对自己的内心需求。

五是性格复杂。

莎菲的性格复杂多变，她的情绪像过山车一样起伏不定。时而温柔深情，时而骄傲蛮横，时而自尊自爱，时而自卑自怜。她的性格中充满了矛盾和冲突，既有冷静理智的一面，又有狂躁不安的一面。

她是一个孤独而痛苦的灵魂，身处喧嚣的都市之中，虽然周围亲朋环绕，但她却感觉不到一丝温暖和安慰。她是一个渴望爱和关注的人，但往往事与愿违，这让她感到更加孤独和痛苦。

莎菲对苇弟有着复杂的情感，她怜悯他、同情他，但同时也感到无奈和痛苦。苇弟对她的爱让她感到温暖和安慰，但她并不爱他，这让她感到内疚和不安。

莎菲对凌吉士的感情更是复杂，她迷恋他的外貌，但同时也鄙视他的内心。她想要接近他，但又无法接受他的庸俗和丑陋。面对凌吉士的追求，她感到无奈和痛苦，因为她无法将自己的爱寄托在一个不值得托付的人身上。

莎菲的生活充满了无聊和空虚，她渴望有人能够理解她、关心她、爱她。但是周围的人都不能够满足她的需求，这让她感到更加孤独和痛苦。她的内心充满了矛盾和冲突，但她却无法找到出路。

她的生活充满了痛苦和无奈，但她却始终保持着清醒的头脑和不屈不挠的精神。

时光匆匆，岁月如梭，我们生活在一个充满机遇与挑战的时代。在这个世界里,每个人都有自己的梦想和追求。然而,传统的观念和社会的限制常常会束缚我们的翅膀,让我们在追求梦想的道路上受阻。

莎菲女士的故事鼓励我们,不要被传统的观念所限制。她用自己的行动告诉我们,每个人都有权利去追求自己的幸福,无论性别、年龄或其他任何因素。我们应该勇敢地面对生活的挑战,敢于挑战社会的不公和偏见,为自己的理想而奋斗。

同时,我们也要反思自己的行为。在追求梦想的道路上,我们可能会遇到许多困难和挫折。这时,我们需要静下心来,反思自己的行为,认识到自己的不足和缺点。只有通过深入反思,我们才能找到问题的根源,从而找到解决问题的方法。

Step 6

《莎菲女士的日记》字数不多,作者通过日记体形式和细腻委婉的心理描写,及对比、象征等多种表现手法,将一个年轻知识女性的复杂个性刻画得淋漓尽致,进而成功地塑造了莎菲这个叛逆、苦闷、彷徨的知识女性形象。

《莎菲女士的日记》通过身患肺病的莎菲写日记的方式,叙述了莎菲耳闻目睹的人和事,记述她与懦弱的苇弟、表里不一的凌吉士失败的爱情,以主人公视角表达女性对人生、爱情的独特思考,从而细致地刻画了莎菲的心路历程,还原女性生命的本真状态。

在整部作品中,除了运用日记体这种写作手法,还运用了心理描写、对比与反差、象征与隐喻等。

一是日记体。

这部作品采用散文式的日记体裁,笔触流畅自然,如清泉般源源不断,展现出作者高超的驾驭语言能力。日记体中的第一人称叙述手法,让丁玲能够深入到莎菲的内心世界,借助莎菲之口,强烈而大胆地表达自己的思想和看法。

丁玲通过日记这一文本形式,向读者展现了一位女士的心理发展历程。整个故事以第一人称的角度,按照时间顺序娓娓道来,情感真挚动人，给人以全新的感受。同时，这也满足了我们内心深处的渴望，即了解人物的内心世界。正如莎菲女士所说："希望被人理解，却以反复说明的文字来展现自己的内心世界，这是一件多么令人伤心的事！"然而，正是因为这样，我们才能够体会到主人公的苦闷和对情感的独特见解。

二是心理描写。

丁玲在《莎菲女士的日记》中大量运用了心理描写，通过莎菲的内心独白、回忆、反思等方式，精细而深入地展现了她的情感状态、思想深度和人格特点。这种写作手法在文学中被称为"内心独白"，它为读者提供了一种独特的视角，可以深入主角的内心世界，体验她的喜怒哀乐，理解她的思考方式。

比如，"我是在他们忧愁的低语中醒来的，我不愿说话，我细想起昨天下午的事，我闻到屋子中遗留下的酒气和腥气，才觉得心是正在剧烈的痛。于是眼泪更汹涌了"。这段文字描述了一个人从醉酒中醒来的情景，以及她对昨天下午的事情的回忆。作者通过细节及心理描写，表达了主人公内心的痛苦和悲伤。

再如，莎菲在回忆自己与凌吉士的交往过程中，反思道："难道人生的意义只是过同样的日子吗？只是永远服从环境，而不想想怎样改良吗？但我又为什么要和他接近？这样懦弱的人，只知道玩的人，值得我爱吗？"这段回忆和反思展现了莎菲对人生、爱情和自我价值的深度思考，也让读者看到了她对生活和爱情的独特理解。

三是对比与反差。

丁玲巧妙地运用了对比和反差的手法，突显了人物之间的性格差异和情感冲突，从而深化了作品的主题和意义。其中，苇弟与莎菲之间的对比和凌吉士与莎菲之间的对比是最为明显的。

一方面，苇弟与莎菲之间的对比展现了他们之间的性格差异和情感冲突。苇弟是一个懦弱、顺从的人，他对莎菲的爱是纯真而深沉的，但他缺乏独立思考的能力，对莎菲的追求只是基于传统的道德观念和家庭的压力。而莎菲则是一个独立、自主的女性，她追求自由和真实的爱，不愿意接受传统的道德束缚和家庭压力。这种对比突显了两人之间的性格差异和情感冲突，也为读者呈现了一个传统与现代、顺从与反抗的二元对立。

另一方面，凌吉士与莎菲之间的对比则更加明显。凌吉士是一个外表英俊、内心空虚的人，他对莎菲的追求只是基于外表和性的吸引，而没有任何真正的情感投入。而莎菲则是一个敏感、多疑的女性，她追求真正的爱情和精神的共鸣，不愿意接受空洞的外表和性的吸引。这种对比突显了两人之间的性格差异和情感冲突，也为读者呈现了一个虚伪与真诚、空洞与深情的二元对立。

这些对比和反差不仅突显了人物之间的性格差异和情感冲突，也深化了作品的主题和意义。通过这些对比和反差，丁玲呈现了一个女性在追求自由和真正的爱情中所面临的困境和挣扎，同时也揭示了那个时代社会对女性的束缚和限制。这种写作手法增强了作品的艺术表现力，也让读者更好地理解了作品所传达的情感和主题。

四是象征与隐喻。

在《莎菲女士的日记》中，丁玲通过运用象征和隐喻的手法，丰富了其表现力，并深化了主题。

比如，莎菲对凌吉士产生了深深的迷恋，这可以被视为一种"异化的欲望"。凌吉士的外表和性吸引力使莎菲对他产生了一种不切实际的幻想，这种迷恋使她忽视了他的真实性格和价值观。通过莎菲对凌吉士的迷恋，丁玲揭示了人们在追求表面物质和满足虚荣心时，可能会失去对真实价值观的判断。

再如，凌吉士在作品中的形象，不仅仅是一个具体的人物，而是代表着一种"庸俗的都市生活"。他的虚伪、肤浅和自私，代表了当时社会中普遍存在的浮华和虚伪。这种象征手法揭示了当时社会追求表面物质和虚荣的风气，以及人们忽视真实情感和内在品质的问题。

通过这些象征和隐喻的手法，丁玲成功地展现了莎菲的内心世界和那个时代的社会现实，使读者能够更深入地理解作品的主题和内涵。

除此之外，丁玲在《莎菲女士的日记》中运用了简洁明了、生动有力的语言，赋予了作品独特的魅力。她的语言风格独特，既能够准确地描绘出莎菲的形象和生活，又能够生动地表现出她的情感和内心世界。

例如，当莎菲感到内心的矛盾时，她写道："为什么我不跑出去呢？我等着一种渺茫的无意义的希望到来！哈……想到红唇，我又癫了！假使这希望是可能的话——我独自又忍不住笑，我再三再四反问我自己：'爱他吗？'我更笑了。"这段文字简洁而生动，既表现了莎菲的内心矛盾，也展示了她的独特幽默感。

《莎菲女士的日记》是一部充满感染力的作品，丁玲运用了多种写作手法来展示主角的内心世界和情感变化。通过深入解读这些手法，我们可以更好地理解这部小说的主题和意义。

丁玲在《三八节有感》中曾说，"我自己也是个女人，我比别人更了解妇女的缺点。"或许，这是她选择日记体形式的一个重要原因吧——作者通过独特的日记体裁艺术表现手法，成功塑造了一个具有代表意义的莎菲女性形象。在写作手法上，丁玲利用主人公在叙事、回忆中，时而思索、感慨，时而想象、幻想，时而又出现闪念、欲望等，将这个年轻知识女性的复杂个性表现得十分真切。以此帮助那个年代千千万万的莎菲女士们发声，呐喊出她们的心声：追求自由、渴望爱情、寻求尊重……

Chapter *4*

《冬儿姑娘》·灵魂的向导，归宿的明灯

生活宛如广袤无垠的海洋，只有坚忍不拔的勇者才能穿越波涛，抵达彼岸。

Step 1

冰心，这位被誉为"中国文坛祖母"的伟大女作家，以其独特的文学才情和敏锐的洞察力，成为中国现代文学的开拓者之一，同时也引领了中国女性文学和儿童文学的先锋。她的一生，就像她的作品一样，充满了爱与温情。

冰心（1900年10月5日—1999年2月28日），原籍福建长乐，生于福州。她是一位现代著名诗人、作家、翻译家、儿童文学家。她曾担任中国民主促进会中央名誉主席，中国文联副主席，中国作家协会名誉主席、顾问。

冰心的原名是谢婉莹，这个美丽的名字寓意"才华出众、聪明过人"。而她的笔名冰心，则寓意"简单、纯洁、美好"。这个笔名与她的原名有着异曲同工之妙："冰心"这个名字的笔画简单，而其中的"冰"字与她本名中的"莹"字有着相似的韵味。同时，"心"字给人一种美好的感觉。在当时，谢婉莹并不想让周围的人知道她正在写作，而"冰心"这个名字看似与她的原名并没有直接的联系，因此她选择了这个名字作为笔名。

她的家庭背景注定了她与文学的不解之缘。幼年时代，她就广泛接触了中国古典小说和译作，这些经历为她日后的文学创作打下了坚实的基础。

早在学生时代，冰心的文学才华就得到了展现。1918年，她抱着学医的目的考入协和女子大学预科。五四运动爆发时，她是预科一年级学生。1919年，她发表了第一篇小说《两个家庭》，此后相继发表了《斯人独惟悴》《去国》等探索人生问题的"问题小说"。这些作品充满了对人生的探索和思考，显示了冰心对社会的敏锐洞察力。

同时，冰心也受到了泰戈尔《飞鸟集》的影响，写作无标题的自由体小诗。这些晶莹清丽、轻柔隽逸的小诗，后结集为《繁星》和《春水》出版，被人称为"春水体"。她的诗歌创作不仅展现了她的文学才华，也表明了她对生活的热爱和对自然的敬畏。

1921年，冰心加入文学研究会。同年，发表散文《笑》和《往事》。1923年，她毕业于燕京大学文科，之后，赴美国威尔斯利女子大学学习英国文学。在旅途和留美期间，她写了散文集《寄小读者》，婉约典雅、凝练流畅，具有高度的艺术表现力。这部作品比她的其他小说和诗歌取得了更高的成就，并对后来的文学创作产生了深远的影响。1926年，冰心取得了文学硕士学位后，她决定回到祖国，并执教于燕京大学和清华大学等知名学府。

1933年，冰心创作了短篇小说《冬儿姑娘》，载于《文学季刊》1934年1月创刊号。《冬儿姑娘》是冰心作品中具有鲜明特点的一部。在这部作品中，冰心采用内聚焦叙述，以冬儿母亲的口吻刻画出一个充满活力、天真、野性十足的冬儿形象。同时，她通过细腻的笔触和深入的思考，呈现出了冬儿姑娘的内心世界和成长历程。她以冬儿姑娘为核心，将故事情节与人物形象巧妙地融合在一起，使读者能够深入感受到冬儿姑娘的坚韧与勇气。

《冬儿姑娘》不仅展现了冰心高超的文学才华，也呈现了她对女性的关注与思考。她通过冬儿姑娘的形象，呼吁女性要勇敢地追求自己的梦想和自由，同时也表达了对社会对女性的不公和歧视的批判。

　　在《冬儿姑娘》中，作者塑造了一个独立自主的女性形象，她勇敢地追求自己的梦想，不依赖他人，敢于挑战困难，敢于面对挫折。幸运之花在她的生命中并未在严寒中凋零，反而如雪中的青松，经过风雨的洗礼和逆境的磨砺，更加坚定和坚韧，绽放出更加绚烂的光彩。

　　生活需要我们怀抱希望，对未来充满美好的憧憬。只有对明天怀有期待，我们才能迈出今天的步伐，追求幸福与快乐。这些美好的憧憬和期待，就像种子一样，孕育在昨天的土壤里，通过我们的努力和奋斗，终将在今天开花结果。当然，如果只是空想，那么我们将会在原地踏步，错失太多的机会和时光。因此，我们应该坚定地走好眼前的每一步，不断奋斗和前行。

读书就是读自己

Step 2

小说通过冬儿的故事反映了当时社会的种种问题,如贫富差距、封建制度、旧观念等,呈现出了一幅晚清时期的社会风貌。作者借此表达了对于女性命运的关注,以及对于女性地位的提升和个体成长的思考。

《冬儿姑娘》是一部描绘曲折人生的作品。小说以冬儿为主角,描写了她成长历程中的曲折经历和人生感悟。故事发生的时间是清朝末年,地点是上海的贫民窟。当时,社会正处于封建制度的末期,贫困和落后是这个时代的象征。

《冬儿姑娘》讲述了一个充满曲折的故事。故事的主人公是一个名叫冬儿的姑娘。尽管家境贫寒,但冬儿自小就非常努力,尽心尽力地帮助家里做事。她的童年并不幸福,父母的冷漠和邻里的欺负让她倍感孤独和无助。

然而,她的生命并没有在逆境中枯萎。相反,她像雪中的青松一样坚忍不拔,逆境使她更加坚定和勇敢。

后来,冬儿遇到了她那位乐于助人的丈夫。他们的相遇仿佛是命运的安排,他们的结合如同寒冬中的一抹暖阳,为彼此的生活带来了无尽的光热与希望。冬儿姑娘的故事充满了曲折和挑战,但她始终坚持着，用她的勇气和毅力创造了自己的幸福生活。

在成长的道路上，她遇到了一个慈母般的婆婆，婆婆的关爱如阳光一般温暖了她的心灵，也赋予了她直面困境的勇气。婆婆尽其所能，帮助冬儿找到了一份合适的工作，让她开启了的新生活。

最后，在丈夫和婆婆的鼓励和支持下，冬儿凭借着自己的勤奋和智慧，逐渐在职场上取得了成功。她从一名普通的打工妹成长为一名富有的企业家。在这个过程中，冬儿遭遇了各种困难和挑战，但她始终坚定地面对。

冰心通过冬儿的故事反映了当时社会的种种问题，如贫富差距、封建制度、旧观念等。冬儿在成长过程中不断地遭遇到贫困、饥饿、疾病等挫折，但她始终不屈不挠地追求自己的梦想。她在家庭、友情、爱情中不断地探索和寻找自己的人生道路，同时也面对着社会和道德上的多重考验。

小说没有给出明确的结局，而是以冬儿姑娘的离开为结尾，给读者留下了想象的空间——她离开家，可能是为了追求自己的梦想，也可能是为了寻找更好的机会和出路。同时，这个结尾也表达了作者对冬儿姑娘的祝福和期望。

《冬儿姑娘》是一部倾注了冰心大量心血和情感的小说，就像一朵在风雪中独自绽放的冰花，以其独特的文学魅力吸引着每一位读者。这部作品不仅展示了冰心的深厚文学才华，也流露出她真挚的情感和深刻的思考。

《冬儿姑娘》这部作品，是一首生命的赞歌，它用美丽的语言诠释了"坚忍不拔，终将绽放"的生命主题——生活就像一部跌宕起伏的交响乐，时而轻快活泼，时而沉重悲伤。每个人都会在某个时刻陷入困境,感到无所适从。但是,那些最终绽放出最美丽花朵的人,并非没有经历过挫折和困难,而是因为他们选择了勇敢面对,用坚毅与执着点燃了生命中的希望之光。

在人生的道路上,困难和挫折犹如拦路虎,挡住我们的去路。然而,正是这些挑战锻炼了我们的意志,让我们学会如何在风雨中坚守信念。每一次的跌倒都让我们变得更加坚强,每一次的失意都让我们更加珍惜成功的喜悦。这些挫折与困难,让我们深刻地认识到生命的价值与意义,激发我们去追求更加美好的未来。

Step 3

冬儿姑娘的孝顺、勤劳、泼辣、大胆等品性，共同塑造了她这个充满原生态生命灵动之美的人物形象。在母亲的叙述中，读者仿佛看到了一个鲜活、真实的冬儿姑娘，她的每一个性格特点都让人感到亲切可爱。而这种原生态的生命之美，也让我们感受到了人性的力量和美好。

在这部小说中，作者以冬儿姑娘的妈妈的口吻，向曾经服侍过的太太叙述了冬儿姑娘的成长经历。

冬儿姑娘出生在立冬那天，取名为冬儿。她的家庭非常贫困，妈妈是个仆人，父亲曾在前清的内务府当差。在她4岁时，父亲离家出走，留下她和母亲相依为命，每天都眼泪拌着饭吃。为了养活冬儿，母亲不得不靠砸石子、侍候人谋生。这也为塑造冬儿日后的形象作了铺垫。

冬儿姑娘长到四五岁以后，表现出了与众不同的特质，作者是这样描述的，"傻大黑粗的，眼梢有点向上吊着，这孩子可是厉害，从小就是大男孩似的，一直到大也没改。"她性格坚强，敢于冒险，敢于追求自己的梦想。虽然只有四五岁，但她开始在街上与人抓子儿、押摊、耍钱，输了就打人、骂人，整条街的孩子都怕她。虽然有些霸道,但很讲理,也很孝顺,看到妈妈辛苦砸石子儿赚钱,她也会流下眼泪。在童年的冬儿姑娘的心田里,已经孕育出了抗争与善良的种子。

她孝顺懂事,勤劳能干,小小年纪便挑起生活的重担。"她从八九岁就会卖鸡子,上清河贩鸡子去,来回十七八里地,挑着小挑子,跑得比大人还快。她不打价,说多少钱就多少钱,人和她打价,她挑起挑儿就走,头也不回。"从这里的叙述中可以看出,冬儿俨然已经是一副大人模样了。

她深知母亲的不易,常以安慰母亲为己任。在听说母亲生病是受到神仙的惩罚后,冬儿姑娘就把别人家神仙牌位给砸毁了,她心想没有了神仙,母亲的病自然就会好起来。

当然,作者笔下的冬儿姑娘还有"辣"的一面。在母亲的叙述中,冬儿姑娘天生泼辣,敢做敢当,毫不畏惧,这种原生态性格自然生成,如同野花般自由绽放。

在街坊邻里之间,她以公正的价格出售鸡子,决不让别人占便宜。若是有人偷了她家的玉米,她必定"骂"到人家出来认错为止。她的"辣"劲在海淀街上可是出了名的。

再如,她独自在西苑卖柿子、花生,丝毫不惧那些凶狠的大兵。冬儿姑娘常说:"明人不做暗事,您这样叫我们小孩子瞧着也不好!"而且,她从不打价,并且专在西苑大兵操练的场边上卖,不让大兵欠一分钱。即使面对凶恶的大兵,她也从不退缩,甚至可以大胆地把他们喝回去。

"不卖鸡子的时候,她就卖柿子,花生。说起来还有可笑的事呢,您知道西苑常驻兵,这些小贩子就怕大兵,卖不到钱还不算,还常挨打受骂的。她就不怕大兵,一早晨就挑着柿子什么的,一直往西苑去，坐在那操场边上，专卖给大兵。一个大钱也没让那些大兵欠过。大兵凶，她更凶，凶得人家反笑了，倒都让着她。等会儿她卖够了，说走就走，人家要买她也不给。那一次不是大兵追上门来了？我在院子里洗衣裳，她前脚进门，后脚就有两个大兵追着，吓得我们一跳，我们一院子里住着的人，都往屋里跑。大兵直笑直嚷着说：'冬儿姑娘，冬儿姑娘，再卖给我们两个柿子。'她回头把挑儿一放，两只手往腰上一叉说：'不卖给你，偏不卖给你，买东西就买东西，谁和你们嘻皮笑脸的！'"

在面对张宗昌兵败抢夺老百姓东西的时候，冬儿姑娘并没有选择躲避，而是选择了勇敢地面对。她混在队伍中，跟着他们走队唱歌，每天吃他们大笼屉里的大窝窝头。

在这位母亲深情的内聚焦叙述中，冬儿姑娘的形象跃然纸上，她性格特点丰富多样，她的泼辣、大胆、孝顺、勤劳和能干都体现了原生态生命的特质。她敢于挑战权威，砸毁神仙牌位，展现出她的大胆无畏。同时，她又能体贴母亲，挑起生活重担，尽显孝顺懂事的一面。这些性格特点使得冬儿姑娘的形象更加立体、真实、感人。

通过冬儿姑娘的形象描绘，冰心成功地呈现出一个充满原生态生命灵动之美的人物形象。这部作品不仅令读者为之印象深刻，为之满怀喜爱，更让我们感受到了生命的价值和意义。

《冬儿姑娘》这部作品，为我们描绘了一个坚忍不拔的女性形象，她的故事让我们感受到生命的真谛。通过阅读这部作品，我们不仅了解了当时普通人的生活遭遇和命运，更深入地感受了人性的力量和美好。

特别是在智商过剩的年代,实力才是最大的底牌。请记住,"忍气吞声"和"委曲求全"都是烂品格。生活的残酷,需要你更为坚强。那些现在让你痛苦不已的事情,当你回首望去,可能会发现它们其实并不算什么。你之所以会把痛苦看得如此沉重,只是因为你经历得还不够多。当你觉得难过的时候,不妨告诉自己,这正是你蜕变的机会。

Step 4

在冬日的光影中，我们遇见了冬儿姑娘，一个在生活的磨砺中依然保持纯真与坚韧的女孩。她的故事，是成长的故事，是关于勇气、坚韧的故事。在这部小说中，冰心女士用细腻的笔触，让我们看到了冬儿姑娘如何在困苦的环境中保持对生活的热爱，如何在挫折面前坚忍不拔，追求自己的梦想。整个故事没有复杂的情节和高潮迭起的转折，却能引起读者的共鸣和深思。

在这部温情脉脉的小说中，冬儿姑娘是一个充满力量和魅力的形象。冰心用细腻的笔触勾勒出了冬儿姑娘的成长轨迹，以及她身边那些形形色色的人物。透过冬儿姑娘的心灵世界，我们得以一窥生命的悲欢离合，感受成长、爱、勇气和坚韧的无价。这也是作者想表达的一些主题思想。

一是"成长"主题。

冬儿姑娘的成长经历是小说的核心主题之一。她在一个贫困的家庭中长大，面对着生活的种种困难和挑战。然而，她并没有被困境击垮，而是通过不懈的努力和坚定的信念，逐渐克服了困难，实现了自我成长和价值。

在成长过程中，她逐渐学会了坚强、勇敢和自信。她通过自己的努力，不仅获得了知识和技能，还赢得了他人的尊重和爱戴。例如，父亲曾在前清内务府当差，前清一没有了，家人的生活就没了着落。在她很小的时候，一次，父亲因和母亲发生口角而离家出走，她和母亲相相依为命。十多年后，为了减轻家庭的负担，冬儿姑娘决定到城里找工作。虽然初到城里时，她面临着种种困难和挫折，但她并没有放弃。相反，她积极地寻找工作机会，最终找到了一份佣人的工作。再如，冬儿姑娘为了给自己凑学费，去给有钱人家洗衣服。

作者通过冬儿姑娘的成长经历和其他角色的塑造安排，展现了成长的痛苦和快乐，以及在面对困难时勇敢地面对和克服的价值。这种成长的过程对于每一个成长中的个体都有启示作用。

二是"爱"的主题。

在冰心的小说中，爱始终是核心的主题，也是她所推崇的价值观。她笔下的爱往往深沉而真挚，如母爱、儿童之爱、自然之爱等，都是她作品中的重要主题。然而，《冬儿姑娘》这部小说却与冰心其他作品有所不同。它并没有像《致小读者》那样细腻而真实地展现爱的美好，也没有像《超人》中的爱虚假而突然。

有些读者甚至认为，《冬儿姑娘》中的爱是缺失的。其实不然，一部缺爱的小说，可不像是冰心的作品。作者通过叙事角度的巧妙安排，使得小说具有真实性和客观性，同时也传递了她对于爱的理解和呼唤。

在这部小说中，冬儿姑娘与母亲之间的关系不再是简单的爱与被爱的关系，而是更为复杂的社会关系。冬儿妈妈和太太之间是雇主关系，而冬儿和父亲之间本是父女关系，却被无情地抛弃了。但是，这些关系并没有阻碍小说中爱的表达。相反，小说通过这些关系的描绘,展现了爱的复杂性和真实性。

也就是说,小说所表达的爱并不是简单的情感表达,而是对于现实生活的真实写照。它告诉我们,爱是需要用心去体会和理解的情感,而不是简单的言语表达。

三是"勇气"主题。

在《冬儿姑娘》中,冰心通过描写冬儿姑娘的成长经历,展现了她非凡的勇气。尽管冬儿姑娘在一个充满困境和挑战的环境中长大,但她始终保持着坚强和勇敢的态度。

冬儿姑娘面对家庭的贫困,她并没有选择放弃或沉沦,而是选择了勇敢地面对现实。她努力工作,帮助母亲维持家庭生计,并照顾年幼的弟弟妹妹。这种勇气使她能够在困境中寻找出路,不断克服困难。

同时,冬儿姑娘在面对挫折时也展现出了非凡的勇气。例如,当她被父亲的朋友强奸后,她并没有选择沉默或自暴自弃,而是选择了勇敢地站出来,向警方报案。

此外,冬儿姑娘还展现出了对未来的信心和对生活的热爱。尽管她经历了种种困难和挫折,但她始终保持着乐观的态度,相信自己能够改变命运。这种勇气使她能够在逆境中坚持前行,追求自己的梦想。

四是"坚韧"主题。

从作品的时代背景来看,小说创作于20世纪30年代,当时的中国正处于社会变革时期,人民生活困苦。在这样的背景下,冬儿姑娘展现出了坚忍不拔的精神。她的母亲身体不好,无法干重活,冬儿姑娘便承担起了家庭的大部分责任。她每天早起做饭、洗衣、种地,样样活都干。即便在面临困境时,她也没有放弃,而是以坚韧的毅力挺了下来。

从冬儿姑娘的个人品质来看，她具有坚定的信念和毅力。她相信只要努力，总会有一天能够改变自己的命运。在小说中，冬儿姑娘不惜辛苦地劳作，赚取微薄的收入，同时也保持着对知识的渴望和追求。她用自己的行动证明了坚韧的品质能够战胜困难和挫折。

冬儿姑娘的处世哲学也体现了坚韧的主题。她善良、正直，对待生活充满信心和希望。她用自己的真诚和善良感染身边的人，让他们看到生活的美好和希望。这种坚韧的信念和乐观的态度，使她在面对困难时能够保持勇气和信心。

作者除了表达上述主题，还通过冬儿姑娘的经历展示了人性的美好和善良。整部作品主题明确、情节感人，不仅具有文学价值，更具有启示作用。

如果实在找不到坚持下去的理由，那就找一个重新开始的理由，生活本来就这么简单。只需要一点点勇气，你就可以把你的生活转个身，重新开始。生命太短，没有时间留给遗憾，如果不是终点，请保持微笑，一直向前。在这个过程中，我们要学会接受，接受意外，接受变节，接受努力了却得不到回报，接受世界的残忍和人性的残缺，但是，接受并不等于妥协。

Step 5

在《冬儿姑娘》中，冰心以冬儿姑娘为主线，通过冬儿妈妈的角度，并以其独白来叙事，在视角上给人以独特的感觉。读者仿佛置身于冬儿妈妈的身边，无障碍地倾听她的述说。这种写作手法使得作品更加生动、真实，让读者能够更好地沉浸在故事情节中，感受到故事所表达的情感和思想。

平时，我们阅读的一些作品，多以第三人称，或者第二人称为叙事角度，而《冬儿姑娘》是从冬儿妈妈的独白视角来叙述的。这样的独白不同于冰心的《致小读者》，虽然都是在形式上的创新，一个是书信体，一个是独白式，但是，《致小读者》的作者"我"就是书信中的"我"，而在《冬儿姑娘》中，"我"却成了隐含作者，小说中的"我"是冬儿的妈妈。

当然，第二人称在叙事性作品中较为少见，但有些人认为，文学作品实际上并不存在第二人称形式，即使是用"你""您"等来叙述，也需要存在"我"的第一人称形式。因此，从根本上说，文学作品仍然是以第一人称叙述的。这种观点是有一定道理的，因为在文学作品中，通常是通过第一人称来呈现故事情节和人物形象的。

但是，也不能因此否认第二人称在一些文学作品中也有其独特的运用方式，例如在书信体小说或者某些个人回忆录中，第二人称被用来呈现人物之间的交流和情感互动，增强了作品的真实感和亲切感。

在《冬儿姑娘》中，冰心充分利用了第一人称内聚焦叙述的优点，以一个"见证人"的身份讲述了主人公冬儿的成长历程。这位"见证人"（母亲）以温情脉脉的语调，将第一人称内聚焦叙述可能产生的艺术效应完美地发挥出来。主要体现在以下三个层面：

其一，成功地呈现出一个充满原生态生命灵动之美的冬儿姑娘形象。

这种内聚焦叙述方式使得读者能够更深入地了解冬儿姑娘的内心世界和情感变化，感受到她坚强、勇敢、善良的性格特点。

冰心通过描述冬儿姑娘贩卖鸡子、柿子、花生的场景，生动地再现了当时的生活环境和人物形象。这些细节描写不仅增强了作品的艺术表现力，还让读者更加身临其境地感受故事情节，以及冬儿姑娘的生活状态和内心世界。

冰心通过第一人称内聚焦叙述，展现了冬儿姑娘坚强、勇敢、善良的性格特点。在面对生活中的种种困难和挑战时，冬儿姑娘从不退缩，而是勇敢地面对并克服困难。例如，在小说中，冬儿姑娘为了给母亲治病，不惧艰辛地前往山上采药。这个情节展现了她的勇敢和坚定，让读者感受到她对家庭的责任感和对生命的敬畏。

此外，冰心还通过描述冬儿姑娘与其他人物的关系，展现了她的善良和真诚。例如，冬儿姑娘与"我"之间的互动，展现了她的纯真和善良。在"我"失落无助时，冬儿姑娘给予了"我"温暖和支持，让"我"重新振作起来。这个情节展现了冬儿姑娘的善良和真诚，让读者感受到她对他人的关爱和尊重。

其二，使得故事情节更加紧凑、连贯。

冰心通过第一人称内聚焦叙述的方式，将故事情节的视角限制在主人公冬儿姑娘的视角范围内，让读者能够直接感受到她的所见、所闻、所感。由于故事是通过主人公的视角来展开的，因此作者可以更加直接地展示冬儿所经历的事件和冲突。

其三，增强了作品的艺术感染力。

通过第一人称内聚焦叙述，读者可以更直接地感受到主人公冬儿的情感变化。这种叙述方式使得读者更容易与冬儿产生情感共鸣。例如，当冬儿在故事中经历家庭矛盾、爱情挫折等困境时，读者可以通过她的视角更好地理解她的痛苦和挣扎，从而产生共鸣。

同时，这种叙述方式可以让人物形象立体化。通过母亲的自述，读者可以了解到冬儿的性格特点、成长经历以及内心世界。这使得冬儿的形象更加丰满，从而增强了作品的艺术感染力。

这种写作手法的运用让读者更好地理解并共鸣于故事中的人物和情节。加之，冰心的笔触细腻、语言优美流畅，使得读者在阅读过程中能够感受到强烈的审美愉悦。

故事通过主人公冬儿姑娘的视角展开，作者冰心巧妙地利用她的内心独白，暗示了未来的发展和结局。这种写作手法使得读者对故事的发展充满期待，积极参与到故事情节中，根据自己的经验、认知等对主人公的命运进行思考和预测，从而完成一种心灵的互动。这种互动不仅增强了读者与作品之间的联系，也让读者对现实状况产生更深的思考和感悟。

自出生的那一刹起，每个人便开始在人生的长跑道上奔跑，不容你稍作停留，更无需你犹豫。人生的道路上，不存在顺路的公交车载你至下一站，你只能依靠自己的力量，一步步地前行，脚踏实地，且无法回头。

然而，人生的道路并非总是平坦，沿途的风景也不尽如人意。在你看不见的地方，可能会有泥泞的沼泽等待着你，荆棘丛生的路或许会让你倍感艰难。路，总是充满挑战，因此你必须学会坚强——不争高低，不争长短，无所争无所惧，淡然傲视一切地勇敢地活着！

Step 6

　　冰心是一位卓越的语言艺术大师，她在创作过程中，凭借自己深厚的文学修养、独特的艺术才华，她笔下的冬儿姑娘仿佛就在读者面前，真实而又生动——让读者走进她的内心世界，将她的善良、坚韧和勇敢展现得淋漓尽致。这种深入人心的描绘，使得冬儿姑娘的形象跃然纸上，仿佛我们可以触摸到她的灵魂。

　　《冬儿姑娘》以其平实、自然、流畅、亲切的语言风格，展现出一种独特的叙事魅力。在这部作品中，冰心的文字如同清泉流淌，娓娓道来，没有华丽的辞藻，也没有刻意的矫情，却散发着一种深深的情感与智慧。

　　特别是小说的开局，冰心的叙事手法朴实无华、清新自然，她以简洁明快的语言，将故事情节娓娓道来。

　　比如，在介绍冬儿姑娘时，她这样写的：

　　"那时候我们的冬儿才四岁，她是立冬那天生的，我们就这么一个孩子，她爸爸本来在内务府当差，什么杂事都能做，糊个棚呀干点什么的，也都有碗饭吃。自从前清一没有了，我们就没了着落了，我们几十年的夫妻，没红过脸，到了那时实在穷了，才有时急得彼此抱怨几句,谁知道这就把他逼走了呢?"

再如,描绘冬儿妈妈在丈夫离家后的艰难生活时,她写道:

"我抱着冬儿哭了三整夜,我哥哥就来了,说:'你跟我回去,我养活着你。'太太,您知道,我哥哥家那些孩子,再加上我,还带着冬儿,我嫂子嘴里不说,心里还能喜欢么?我说:'不用了,说不定你妹夫他什么时候也许就回来,冬儿也不小了,我自己想想法子看。'我把他回走了。以后您猜怎么着,您知道圆明园里那些大柱子,台阶儿的大汉白玉,那时都有米铺里雇人来把它砸碎了,掺在米里,好添分量,多卖钱。我那时就天天坐在那漫荒野地里砸石头。一边砸着石头,一边流眼泪。冬天的风一吹,眼泪都冻在脸上。回家去,冬儿自己爬在炕上玩,有时从炕上掉下来,就躺在地下哭。看见我,她哭,我也哭。我那时哪一天不是眼泪拌着饭吃的!"

这二段文字使用的都是日常生活中常见的语言,没有过多的修辞和华丽辞藻,显得朴实自然,让人感到亲切。特别是第二段,作者通过描写冬儿妈妈的情感,如哭泣、流眼泪等,以及冬儿姑娘的一些童年生活,让人感受到其对冬儿姑娘的关爱和同情。

除了口语化表达,语言朴实无华,平淡中还透着幽默,让读者在阅读过程中感受到轻松和快乐。比如:

"我哥哥来了,说:'冬儿年纪也不小了,赶紧给她找个婆家罢,"恶事传千里",她的厉害名儿太出远了,将来没人敢要!'其实我也早留心了,不过总是高不成低不就的。有个公公婆婆的,我又不敢答应,将来总是麻烦,人家哪能像我似的,什么都让着她?那一次有人给提过亲,家里也没有大人,孩子也好,就是时辰不对,说是犯克。那天我合婚去了,她也知道,我去了回来,她正坐在家里等我，看见我就问：'合了没有？'我说：'合了，什么都好，就是那头命硬，说是克丈母娘。'她就说：'那可不能做！'一边说着又拿起钱来，出去打牌去了。我又气又心疼。这会儿的姑娘都脸大，说话没羞没臊的！"

这段话中有一些非常幽默风趣的语言，如"恶事传千里"，一方面体现了冬儿姑娘的个性十分鲜明，另一方面也让人感受到她名声的"威慑力"。而后面的话则以一种半调侃的方式描绘了冬儿姑娘的"厉害"。再如，"那一次有人给提过亲，家里也没有大人，孩子也好，就是时辰不对，说是犯克。"这里用"时辰不对"来作为婚姻失败的原因，既符合当时的风俗习惯，又让人觉得有些荒谬。

在这部小说中，冰心以朴实的语言描绘生活中的点滴，展现出一种平淡而真实的美。全书叙事流畅，一气呵成，没有明显的停顿和转折，让人能够比较容易地理解作者所描述的情境和情感。这种朴实自然的写作风格使得冰心的作品具有很强的艺术感染力，让人在阅读过程中感受到一种亲切和真实。

有人曾这样评价，以她的"情致和技巧，在散文上发展是最易成功的"。确实，冰心以她的丰姿绰约、轻巧灵动的彩笔，书写了一首首关于爱与情的动人乐章。她的笔触疏朗有致，醇厚的情味深深地触动读者的心弦，留下了难以忘怀的印象。

今天，我们再读冰心的文字，不仅是在欣赏的自然、亲切、流畅的文字之美，更是在通过她的文字感受自己的情感和灵魂——书中每一个角色，每一个故事背后既是我们内心世界的倒影，也都隐

读书就是读自己

藏着一种力量——它们让我们反思自己的生活，思考自己的价值观和人生观。

Chapter 5

《歧途佳人》·愈是怜惜自己，愈会使自己痛苦

人生是迷宫，我们要从哪里跌进去就要从哪里爬出来。

Step 1

苏青，20世纪40年代上海文坛的一颗耀眼之星。她的作品中充满了对生活的热爱和对人性的关注。她的文字如同清泉般流畅，温润而富有力量，将女性的柔情与坚韧展现得淋漓尽致。张爱玲曾这样评价她："在苏青的笔下，她的最佳状态是一种'天涯若比邻'的亲切感，这种亲切感唤起了古往今来无所不在的妻性、母性的回忆。"

苏青1917年生，终年于1982年，原名冯和仪，另有笔名郑婴、李若青、苏浣溪等。她是中国现代文学的一颗耀眼之星，是一位杰出的作家和文学评论家。

在童年时期，苏青生活在一个富裕的家庭，她的父亲是一位事业有成的商人，母亲则是一位受过良好教育的女性。在这样一个充满着温馨与和谐的家庭环境中，苏青接受了良好的教育。自小，她便对文学产生了浓厚的兴趣，书籍成为她最好的朋友和老师。在家庭的熏陶下，苏青逐渐培养出了独立、自主的性格，她自信、睿智，敢于追求自己的梦想。

1933年，苏青考入民国第一学府国立中央大学（1949年更名为南京大学）外文系。1934年，当时年仅20岁的苏青与李钦后携手步入婚姻的殿堂。婚后不久，她便发现自己怀孕了，于是，不得不暂时放弃学业。

1937年，全面抗战的爆发。宁波陷落后，她逃往奉化山区，随后又随丈夫迁居至上海。在这段时间里，李钦后在上海做律师，他整天沉迷酒色，挥霍无度，导致家庭经济状况每况愈下。更让苏青痛心的是，虽然才结婚三年，丈夫却已经不再爱她了。丈夫的一次次背叛，让苏青对婚姻彻底绝望。于是，她毅然决定结束这段婚姻。

尽管走出了婚姻的牢笼，苏青却始终抹不去心中的阴影。出于对孩子们的关爱和牵挂，她迟迟不敢再涉足婚姻的殿堂。这位在上海文坛与张爱玲并驾齐驱的女作家，虽然以聪慧和睿智书写着婚恋文字，但自己的婚姻经历却只能用"惨淡"来形容。

苏青的部分文字虽然被一些传统文人讥讽为"粗俗"，但却意外地触动了广大读者的心弦。就连一向孤傲的张爱玲也对此给予了高度评价："听上去有些过分、可笑，仔细想起来却也是结实的真实。"

1948年，苏青的长篇小说《歧途佳人》由上海四海出版社出版，这部作品轰动一时，创造了连续再版68次的奇迹，吸引了大批青年男女读者。在这部自传体小说中，苏青以自己的婚恋经历和理想破灭过程为故事背景，同时结合耳闻目睹的旧社会里各种尔虞我诈的事件和人性丑恶的一面，精心打造了一份文学大餐。其写作风格清新自然，情感真挚，使读者能够深入感受到她所描述的世界。

苏青创作《歧途佳人》的原因之一，是她希望通过这部作品对自己经历的人生重大转折以及理想的破灭进行深刻的反思和表达。在经历了结婚、生子、离婚等人生波折后，苏青对生活和爱情有了更为深刻的理解。她通过小说中的主人公们，传达了自己对爱情、婚姻、事业等方面的看法和思考，以及她对当时社会现实和人性的批判。

通过《歧途佳人》，苏青不仅展示了自己的才华和创作实力，也为我们提供了一个观察和理解那个历史时期生活和社会的独特视角。这部自传体小说成为了她创作生涯中的代表作之一，也是中国现代文学的经典之作。

新中国成立后，苏青持续致力于文学创作，展现出对文学的热情和执着。她的作品风格丰富多样，既有对现实生活的生动描绘，也有对浪漫主义的深情挚爱。这些作品选材精准、文笔优美、主题深入人心。她以细腻的笔触描绘了市井生活的烟火气息，将普通人的生活琐碎、情感纠葛以及人生追求展现得淋漓尽致。

苏青的众多作品以其自然的笔触、真挚的情感和深厚的人性洞察，描绘当时社会的现实状况以及人性的复杂特性。她的作品不仅在当时引起了广泛的关注和赞誉，时至今日，依然受到读者的热爱和推崇，为中国现代文学史留下了深刻的印记。

读书就是读自己

Step 2

《歧途佳人》是苏青的一部自传体小说，它以母女三人的命运为主线，细腻地描绘了她们对美好生活的向往与追求。故事情节平实自然，视角客观，不带有任何抱怨和愤怒，却将命运的无奈和残酷一一呈现在读者面前。

20世纪40年代的中国，社会动荡不安。在这个时代背景下，苏青通过自传体小说《歧途佳人》讲述了母女三个人的经历，她们虽然一心想做佳人，最终不得不在生活面前低头，误入"歧途"。

这是一本自传体小说，作者以第三者的身份和主人公符小眉聊天，以第一人称的方式书写故事，读罢情感更真实。文字里没有抱怨，没有对命运的不忿，只是用一种客观的角度，交代了故事的始末。

符小眉出生在一个不幸的家庭，父亲早年沉溺于声色犬马，后因花柳病去世，母亲在族人的排挤下艰难地供她和姐姐上学。在小说中，符小眉是苏青笔下的自己，她聪明勤奋，却饱受命运的捉弄。

符小眉是一个勤奋好学的学生，她一心追求知识和进步。在求学期间，符小眉遇到了一家钱庄老板的儿子黄承德。黄承德对她的美貌和身体着迷。俩人订婚后，黄承德要去上海，他的父亲想让两人结婚，符小眉当时16岁，不久因怀孕而辍学。

结婚后，符小眉生了两个女儿，公公婆婆对她越来越不满意。后来，她又生了一个儿子，才让他们的态度有所改变。然而，黄承德也逐渐暴露了他的本性，他不学无术，连他的父亲都嫌弃他。

符小眉忍无可忍，最终带着两个女儿离开了黄承德，开始新的生活。在姐姐同学的帮助下，她在窦公馆找到了一份家庭教师的工作。

窦家少爷是个纨绔子弟，整天在外面鬼混。符小眉不想留在这个家庭，但又不害怕失去经济来源。窦先生是一个有社会地位，且非常精明的人，他对小眉既欣赏又理解，也愿意帮助她。但正是因为这种理解，让家中的女人们都反感符小眉，不得已，窦先生还是辞退了她。

通过窦家少爷，符小眉认识了在上海谋求事业的史亚伦。史亚伦出身贫寒，家中只剩一个患病的母亲。他原本也是一个非常有志向的年轻人，但因在战争中有幸保住了一条命，让他思想观念大变，甚至开始不择手段地赚钱。

史亚伦曾试图说服符小眉：生活重于学问，只要有钱赚，什么手段都可以用。当时，符小眉确实很需要钱，思想一度有些动摇。后来，她还是拒绝了。于是，史亚伦便以各种形式逼迫她。无奈，她只能求助于窦先生。这样，她才摆脱了史亚伦的纠缠。

符小眉期望通过自己的努力改变命运，但又不忍放下依附男人带来的便利，她在男人身边周旋、徘徊、挣扎，却始终没有过上想要的生活。

在小说中，另一个重要人物是符眉英。她因为一场病，对自己的人生由自信变得绝望。

她从小就很勤奋，学习也很好，前面的16年全部在看书中度过，只不过是为了将来能找到一份工作，自己养活自己，不依赖于男人。后来，她大学时考了第一，留在校中当助教，本来打算继续深造。可惜，因为患上了肺结核，让她失去了留洋的机会。她辛辛苦苦攒下来的钱，最后全部花在了医院里。

在青岛一家医院医治期间，符小眉专程从上海来探望她。其间，姐妹俩有过一次单独见面的机会，两人说了许多知心话。其中她对妹妹说的一句是："如今想起来做女人还是平凡一些好，老老实实地嫁人管家养孩子，这就叫做幸福呀！与众不同是不行的。希望就是一件骗人的东西，害人的东西，这十几年来我完全给它骗了，给它害了！"可以说，一场病，将她曾经的自傲和坚定瞬间摧残了。

符小眉本来想带她回到母亲身边，但因病情严重，医生不允许她出院。这也注定了姐姐只能客死他乡，在医院里走完自己最后的一程。

符眉英不可谓不努力，但依然逃脱不出社会的不公，她的人生充满了凄美的色调，她如一朵昙花，用尽全力书写自己的人生。假如她不生病，或许她真能活成自己想要的样子。

除了姐妹二人，她们的母亲也是一位命运多舛的女性。早年，她当掉自己的首饰供丈夫上大学，让她做梦都想不到的是，丈夫在谋得一份"美差"后，却不务正业起来，竟然恋上了一个妓女，最后死于花柳病。她接连生了两个女儿，并以此为憾。她希望两个女儿能通过读书自立，但是，自己却没有能力供养她们上学。

这位母亲虽有一定的眼界，但自身能力有限，只能向生活低头。特别是在面对符小眉的婚事时，她竟然说服符小眉同意与纨绔子弟黄承德订婚。在她看来，这也是能让女儿继续上学的一个途径。

作为女人，她已经在婚姻中吃了很多苦，也看透了丈夫的本质，可到了关键时刻，她还是让女儿选择了同一条路。

正如作者最后所说："每一个人都是如野草一样的生命，不知怎样地茁出芽，渐渐成长，又不知怎样地被人连根拔起，扔在一边，以后就只有行人的偶一回顾或践踏了。"

是什么让她们与自己的梦想渐行渐远，走向迷茫与无助？或许，是她们内心的那份不坚定。当梦想的火苗在心中闪烁，若没有足够的决心去守护，很容易被现实的冷风所吹熄。

生活，有时就像一片茫茫的原野，路标众多，却难以抉择。那些岔路，或许一开始并不明显，然而随着时间的推移，选择便变得越来越重要。一个不经意的转弯，可能就是另一种人生。

但即使道路荆棘密布，只要心中有坚定的信念，便能勇敢地迈出每一步。哪怕前方的路曲折蜿蜒，只要心怀希望，总能找到那束指引的光。而若内心不够强大，意志不够坚定，那么即使没有外界的干扰，也会在生活的琐碎中渐渐迷失方向。内心的迷茫与彷徨，往往比外界的阻碍更难逾越。

《歧途佳人》这个名字，或许正是对这种人生选择与迷茫的最好诠释。在生活的十字路口，如何选择，如何坚定，都是我们需要面对和思考的问题。只有这样，我们才能真正走出属于自己的那条路，不偏离，不迷茫。

在那个动荡不安的年代，女性很难通过自己的努力获得想要的幸福生活，有时不得在个人自立和依赖富贵人家之间做出艰难的选择，如果没有坚定的信念，往往一步错就是步步错。在苏青的笔下，符小眉代表了那些在传统家庭和社会束缚下努力追求个人幸福的女性。她勇敢地面对婚姻的不幸，努力寻求改变，结果从一个坑爬出来，又掉进了另一个坑，始终处于一种挣扎状态。从而，引发了读者对当时女性地位及命运的思考。

Step 3

在小说《歧途佳人》中，符小眉是一个聪明、美丽的女性，但婚姻与家庭并没有给她带来幸福，反而使她陷入了困境和痛苦。虽然一系列的压迫和屈辱在她心里扎根，但它们未能阻挡她自立的决心，她毅然决然地选择离开家庭，到外面去闯荡。

《歧途佳人》的主人公符小眉是一个命运多舛的女性。她从小失去父亲，母亲含辛茹苦让她和姐姐上学。抗战爆发后，她随家人来到上海，后因丈夫不务正业、拈花惹草，而与之分手。在苏青的笔下，符小眉的形象立体而饱满，她不仅展现了坚定、勇敢和独立的性格特点，同时也表现出女性所不可避免的软弱之处。

首先，符小眉具有非常强的自我意识和自尊心。

在小说中，她不愿意接受传统女性角色的束缚，而是追求与男性平等的地位和权利。她坚持自己的独立思考和行动，不依赖他人，敢于面对困难和挫折。

比如，在《痛苦的回忆》一节，符小眉对史亚伦说："我离开了他家，难道便会饿死了吗？谁又会想要利用过他们？我替他家教书，他们给我薪水，这又有什么吃亏的地方呢？他们阔绰是他们自己阔绰的，我又不曾帮他们赚过钱；我贫穷是我自己贫穷，他们又不曾害过我，我凭什么要他们给我特别好处呢？我不像别人那么卑鄙，处处想利用人，利用不着时却又怨恨，我……"

再如，符小眉在面对丈夫的不忠时虽然感觉痛苦和羞耻，但她没有选择忍受或遮掩，而是坚定地表达了自己清醒的认识和独立判断。

这些片段都展现了符小眉的自我意识和自尊心，她不依赖他人，不接受传统女性角色的束缚，而是追求与男性平等的地位和权利。

其次，表现了她软弱，易动摇的一面。

符小眉是被新思想感染过的女性。在那个年代，女性的地位并不高。她为了能够继续读书，嫁给了钱庄老板的儿子黄承德。面对这种旧式婚姻，她没有强烈地反抗，或者说无力反抗，只是在被一再背叛时，才决定反击。

随后，在窦公馆，她结识了史亚伦，一个表面文雅，实则内心狡猾的男人。符小眉初见他时，他谈吐得体，给人一种深沉且富有智慧的印象。在与符小眉的交往中，他逐渐显露出真实的面目。他不断向符小眉灌输一种与众不同的价值观。他告诉她，读书人有了钱同样会迷失，而贫穷的淑女一旦成为阔太太，也会沉浸于浮华。他强调人应该顺应环境，而不是固守自己的原则和价值观。

史亚伦的话像一把双刃剑，一方面让符小眉看到了一种全新的生活方式，另一方面也动摇了她原有的价值观。她开始怀疑自己的判断力，并逐渐陷入史亚伦精心编织的谎言中。

当符小眉从窦公馆离开后，她与史亚伦的关系更加密切。史亚伦利用她的单纯和善良，策划了一系列欺诈行为。他先是试图让符小眉成为犹太人的中间人，后来又骗走了犹太人的黄金，最终被关进监狱。

在狱中，史亚伦并没有悔过自新，反而继续利用符小眉。他一封接一封地写信给符小眉，让她为他打点一切。符小眉在史亚伦的操控下，为他处理各种琐事。

出狱后的史亚伦变得更加肆无忌惮。他诱导符小眉参与赌局，甚至威胁她承担他的债务。他的忘恩负义更是达到了顶峰，指责符小眉在他入狱期间侵吞了他的钱财。这段经历让符小眉深感痛苦和失望。

在小说中，符小眉面对生活、婚姻挫折时，展现出了自己的决定与力量。同时，作者也并没有将她描绘成无懈可击的女超人。作为女性，符小眉有她的软弱之处。她对爱情的渴望、对家庭的责任感，以及对自我价值的追求，都使她在某些时刻显得脆弱。这种脆弱并非是贬义的，而是为了让读者看到一个更真实、立体，有血有肉的符小眉。

在生活的漫长旅程中，我们宛如航行在波涛汹涌的大海上的船只，时而风平浪静，时而狂风骤雨。我们会经历起起落落，遭遇各种困境，就如同那突如其来的暴风雨，让人措手不及。然而，正是这些困境，如同雕刻师手中的刻刀，精细地雕刻着我们的性格，使我们成为今天的自己。《歧途佳人》中的主人公符小眉的人生就是对此最好的注解——把每一次困境都作为一次成长的机会，并从中汲取力量与智慧，防止一些不当的选择让我们误入歧途。

Step 4

苏青通过符小眉的故事，探讨了女性在传统社会观念和个人欲望之间的冲突，以及女性在追求自我实现过程中所面临的困难和挑战。符小眉最终选择了一条不同于传统女性角色的道路，这也反映了作者对女性命运的思考和关注。

《歧途佳人》以作者与符小眉的对话为线索，展现了其对过往经历的回忆与反思。以此反映在那个新旧交替的特殊时代下，女性面临着的种种困境和抉择，以及在时代变迁中的挣扎。通过这部小说，我们可以更深入地了解当时女性的历史地位和价值，及她们对自己命运的思考。

首先，作品揭示了当时社会的现实和人性的复杂性。

故事中的人物符小眉和符眉英为了生存和追求自己的梦想，不得不面对社会的压力和挑战。

黄承德出身名门，却只看重符小眉的美貌和身体，缺少对她的尊重和爱护。符眉英虽然在学业上取得了一定的成就，并且努力工作赚钱，梦想着有一天能够留洋，将来在男权社会中崭露头角，但是，因一场大病被迫中断学业。

这些人物的经历不仅展现了当时社会的现实和人性的复杂性，

也揭示了女性在时代变迁中所面临的困境和挣扎。同时，这些人物的经历也鼓励现代女性在面对困境时，坚定信念、勇敢前行，走属于自己的路。

其次，作品表达了知识女性的觉醒。

《歧途佳人》叙述平实，没有过多的抱怨和命运不公的呼声，而是以客观的角度交代了故事的始末。通过主人公符小眉的内心独白，及和他人对话的形式，将读者带入故事中，使情感更加真实。同时，作者通过主人公的成长经历，表达了女性意识觉醒的重要性，以及社会对女性自立自强的阻碍和压力。在书中，几位女主人公都拥有自己的梦想，也试图通过努力改变自己的命运，但最终还是误入歧途。通过反思和探讨这些人物的命运，我们可以更好地理解作者苏青的写作意图。在当时的社会环境下，女性面临着诸多限制和偏见。她通过《歧途佳人》这部小说，探讨女性在传统社会观念和个人欲望之间的冲突，以及女性在追求自我实现过程中所面临的困难和挑战，以此来表达女性的觉醒意识，呼吁女性要勇敢地追求自己的梦想和幸福。

《歧途佳人》不仅仅是一个关于爱情、命运和选择的故事，更是一个关于女性在特定历史背景下所面临的困境与挑战的写照。苏青在这部自传体小说中，通过母女三人的经历，展示了女性在追求独立、自主和理想过程中所遭遇的种种困境和挫折。

小说中的主人公符小眉，以及她的姐姐符眉英，都展现了知识女性对于独立和自立的渴望。符小眉身上有着学识、谈吐不俗和对未来的美好憧憬。她希望通过自己的努力和知识改变命运，而不是依赖男性。然而，社会给予这些努力的生命巨大的阻力。姐姐符眉英就是这样一个例子，她努力学习，以第一名的成绩留在大学当助教，但最终却因操劳过度而病倒，失去了留洋深造的机会。

苏青以客观的视角描述了这些女性的经历和心路历程，没有过多的抱怨和不满，但情感的真实却更加打动人心。她试图唤起读者对于女性地位和命运的关注，让人们思考是什么原因造成了女性的困境，以及如何去改变这种现状。

总而言之，《歧途佳人》是一部真实而感人的小说，这种真实的情感和坚定的信念也让读者对知识女性的自强之路有了更深刻的认识和理解。所以，它不仅具有较高的文学价值，对我们了解当时社会的历史和文化也具有重要的参考意义。

如果心中有所追求，就应该坚定地走下去，哪怕路上布满了荆棘。只要我们勇往直前，无论是大路还是小路，只要走出属于自己的路，就算是胜利。如今，我们依然可以看到很多人在生活中迷失了自我，找不到生命的意义。他们在烦琐的生活中渐渐失去了坚定的信念，被周围的压力和困境所左右。如果说苏青笔下的主人公形象是受到了时代的影响，那么现代人已经不再受这种束缚。然而，如果内心不够强大，信念不够坚定，即便没有外界的影响，也会在平淡的日子里逐渐偏离原本的路线。这就是所谓的"歧途佳人"吧。

Step 5

《歧途佳人》中的人物关系和情感描写丰富而深刻。这些人物关系和情感描写不仅丰富了故事情节，也让读者更深刻地了解了当时社会的现实和人性的复杂性以及女性地位和命运的关注和思考。可以说，这部作品无疑是对那个时代女性命运的一种写照，也是对女性地位和权益的一次深刻的反思和呼唤。

《歧途佳人》不仅是一部描绘女性在困境中挣扎和成长的小说，更是一部展现复杂人物关系和深刻情感描写的作品。其中的人物关系和情感描写非常丰富，下面，我们对其中一些关键人物及其情感关系的简要解析：

一是符小眉与黄承德。

在初中以前，符小眉的生活一切都还好。后来，她偶然间遇到了姐姐符英眉的同学黄承德。让她感到意外的是，他竟然喜欢上了自己。在她将要初中毕业时，黄承德的家人托人到她家提亲。虽然，符小眉平时经常与黄承德来往，但是她内心深处并不是很喜欢这种纨绔子弟。

当母亲告诉她黄承德想娶她时，她坚决反对。她说她坚决不会嫁给这种纨绔子弟。母亲反驳说，纨绔子弟怎么了，那些穷苦人家出生的孩子，等他们有了钱，还不是和纨绔子弟一样的做派，抛弃糟糠之妻。无论如何，符小眉早早嫁人这条路是已经明确了的。

结婚之后，黄承德纨绔子弟的习气丝毫没有改变。在符小眉连生了两个女儿后，公公黄鸣斋也不站在她这一边了，开始心生不满与抱怨。此时，黄承德在外面和一个姓仇的妖艳女子同居。这种婚姻生活让符小眉痛不欲生，最终她选择了离婚。

这段关系揭示了当时男权社会下女性地位的低下和婚姻的不自由。女性往往被视为男性的附属品，她们的权益和选择权被忽视或剥夺。同时也表现了人性的复杂性和矛盾性。这段关系对于理解当时社会背景下的女性地位和婚姻制度具有重要的意义。

二是符小眉和符眉英。

符眉英与符小眉，这两位女性角色是苏青在《歧途佳人》中精心描绘的。

符小眉，那个聪明刻苦的女子，本该在求学的道路上步步高升，却因当时社会的传统观念书与家庭压力被迫中断学业，为生活挣扎。她的美貌和才华并未给她带来命运的青睐，反而是无尽的磨难。她与黄承德的婚姻如同一场荒诞的闹剧，她用青春和梦想换来的只是一场空。

一个孤寂的生命，或许正如苏青所言，"愈是怜惜自己，愈会使自己痛苦，倒不如索性任凭摧残、折磨而使得自己迅速地枯萎下去，终至于消灭，也就算是完结这人生旅行了"。

符眉英是符家的长女，她聪明、能干，一直希望通过努力和知识改变命运。在那个时代，作为女性，她能完成大学学业，实属不易。她前途本应一片光明，然而，命运却和她开了一个残酷的玩笑——她被诊断出患有严重的疾病。这对她的打击是致命的。随着身体状况每况愈下，她不得不放弃自己的学业，最终因病去世。一个如此优秀、有才华的女性就这样离去，着实让人感到心痛。

看似两人的命运走向了不同的方向，但实际上，她们都在这场人生的舞台上扮演着悲喜交加的佳人角色。她们曾有过梦想，曾有过希望，但最后却都陷入了生活的沼泽无法自拔。苏青通过她们的命运，向我们展示了那个新旧交替时代下女性自我认知的困惑与迷茫。

三是符先生和符太太。

符先生与符太太在故事的纷繁中扮演着举足轻重的角色。符先生（符小眉的父亲），一位权力的追求者，与符太太（符小眉的母亲），一个典型的家庭主妇，两人间的关系由初时的相互支持，彼此帮助，逐渐演变成了最后的互相指责与矛盾。

符小眉的父亲原本是一个穷书生，是在她的母亲的资助下才得以继续求学。父亲功成名就后，却找了一名妓女，将她的母亲抛弃。母亲的悲剧命运仿佛一种寓言，预示着她的孩子们未来可能遭遇的命运。这无疑加深了整部小说的悲剧色彩。

符太太，一个默默付出的家庭主妇。她含辛茹苦地抚养女儿长大，供她上学，然而她的付出却得不到社会的认可和尊重。社会对她的付出视而不见，甚至对她充满了歧视和偏见。人们认为她只是一个依赖丈夫生活的家庭主妇，她的价值被低估，她的付出被忽视。

这些人物关系构成了故事的主要框架，表现了当时社会对女性的不公和对家庭主妇的忽视等社会现象。通过这些人物关系，读者可以更深刻地了解当时社会的现实和人性的复杂性以及女性地位和命运的关注和思考。

《歧途佳人》犹如一面映照着民国新旧交替时代的镜子，不仅映射出那个时代女性在人生道路上的坎坷与挣扎，更体现了作者苏青深切的自我反思与对女性命运的关注。

　　整部小说以苏青与符小眉的对话为主线，这不仅是一种叙事技巧的运用，更是作者内心独白的呈现。苏青通过与符小眉的对话，以及各种人物关系的呈现，来回忆自己的过往，试图在历史的洪流中找到一条出路，然而却一次次陷入迷茫与绝望。她所面临的困境，是那个时代女性普遍遭遇的挑战，是社会制度、家庭观念等多种因素共同作用的结果。

Chapter *6*

《撒哈拉的故事》·选择生,就别让灵魂迷失方向

每想你一次,天上飘落一粒沙,从此形成了撒哈拉。

Step 1

在世界文坛上,她是一个如流星般绚烂闪耀的奇女子,她的笔下,流淌着无尽的诗意和深深的情感。她的名字,就是三毛,一个在1943年出生于重庆市南岸区黄桷垭的传奇人物。她的生平充满了激情、追求和坚韧。

在这个瞬息万变的时代,我们有时会忽略那些能够触动人心的文字和故事。今天,让我们一起回到那个充满诗意和情感的世界,走进三毛的生活和文学之旅,感受那份独特的魅力和诗意。

三毛,原名陈懋(mào)平,后来改名为陈平,中国台湾当代女作家和旅行家。她的父亲是一位军官,母亲是一位音乐教师。在她很小的时候,就展现出了对文学的浓厚兴趣和天赋。在读书期间,她经常写一些散文和诗歌,而且在学校的文学比赛中获得了诸多奖项。

虽然,三毛的文学才华得到了肯定,但是,她的家庭并不支持她的文学梦想。特别是她的父亲,更希望她将来选择一份稳定的职业。

在20世纪60年代初,三毛前往中国台湾,并开始了自己的写作生涯。在那里,她接识了许多知名作家和艺术家。很快,她的作品就在台湾文学界引起了轰动，其独特的写作风格和对生活的独特见解使她成为当时颇受欢迎的作家之一。

1973年，三毛定居西属撒哈拉沙漠，之后与荷西结婚。他们在这个沙漠中的小镇上度过了快乐的时光，共同经历了许多冒险和挑战。1976年，三毛先后游学于西班牙、德国和美国，在这期间，她创作了散文集《雨季不再来》，描绘了自己在成长过程中的心路历程。

1976年2月，三毛和荷西移居到加那利群岛。5月，她出版了第一部散文集《撒哈拉的故事》，向读者讲述了夫妻二人在沙漠中的生活经历。在这部作品中，她以细腻的笔触描绘了沙漠的美景、当地的民俗风情以及他们与当地人的交往。这部作品成为三毛的代表作之一，深受读者喜爱。

在接下来的几年里，三毛又陆续发表了多部散文集，包括《哭泣的骆驼》《稻草人手记》和《温柔的夜》等。这些作品展示了她在沙漠生活中的深入观察和思考，以及对人生、爱情和家庭的独到见解。

1980年，荷西意外逝世后，三毛回到中国台湾定居。随后，她创作了散文集《梦里花落知多少》，以表达对丈夫的深深思念之情。这部作品展现了三毛内心的痛苦与挣扎，以及对逝去亲人的怀念和追思。

1982年，根据她在中南美洲的旅行经历，三毛创作了散文集《万水千山走遍》，向读者呈现了一个个充满异域风情的场景和故事。这部作品展现了三毛对不同文化的热爱和关注，以及她在旅行中的感悟和思考。

1987年，三毛出版了散文集《我的宝贝》，展示了她所收藏的一些珍贵的物品。这部作品展现了她的生活态度和对美好事物的追求。

1990年,三毛创作了她的第一部中文剧本《滚滚红尘》,这也是她的最后一部作品。这部作品描绘了一段动人的爱情故事,展现了她在创作上的才华和多样性。

1991年1月4日,三毛逝世,终年47岁。她的离世让她的读者和朋友们深感惋惜和悲痛。然而,她的作品和人生故事仍然影响着无数人,成为一个永恒的传奇。

在三毛的众多作品中,《撒哈拉沙漠》在国内外都享有很高的声誉,是其最具影响力的作品之一。这本书的写作背景与三毛的个人经历密切相关。在20世纪60年代末,三毛与她的丈夫荷西一起前往撒哈拉沙漠旅行。这次旅行对三毛产生了深远的影响,并成为她写作这本书的灵感来源。

这部作品出版后,先后被译成多种语言,在全球范围内出版和流传,为中国文学赢得了国际的认可。作品中所传递的人文关怀和对自由的追求,也使得三毛成为一位受到广大读者尊敬和喜爱的作家。

三毛有很多作品,人们对其褒贬不一,有人批评三毛的作品,认为它们不合篇幅,不切实际。其实,三毛的作品正如她的个性,真实率真,简练而细腻。今天的很多年轻人之所以特别欣赏三毛,不只是因为她的作品,而是她的个性,及她对爱情的执着与坚守。

三毛的人生和创作,就像是一朵盛开的百合花,在清幽的地方散发着芬芳,为后来的人们留下了珍贵的遗香。这朵花的每一片花瓣都紧闭着,就像她内向的性格,不愿轻易向外界展示。然而,当你轻轻打开这些花瓣,就会发现隐藏在其中的美丽和纯真。每一篇文章，每一首诗，都是她心灵的映射。她用文字描绘出生活的美好和人生的起伏，让读者在阅读中感受到了她的真实情感和独特见解。这些作品，就像是一颗颗晶莹的珍珠，串联起她的人生轨迹，让我们看到了一个真实而坚强的灵魂。

Step 2

有人曾说：一本书，就是一个世界。《撒哈拉的故事》承载了三毛和她的丈夫荷西在遥远的撒哈拉沙漠度过的日日夜夜，记录了在我们看来这可望不可及的沙漠中的喜怒哀乐，其字里行间都流露出三毛对这片土地的热爱，对自然的敬畏，以及对爱情与幸福的本真的描绘。

《撒哈拉的故事》以作者三毛在撒哈拉沙漠度过的几年为背景，用生动而简洁的文字描绘了她与荷西在当地的所见所闻及多姿多彩的生活经历。其内容包括《沙漠中的饭店》《结婚记》《悬壶济世》《娃娃新娘》《荒山之夜》《沙漠观浴记》《爱的寻求》《芳邻》《素人渔夫》《死果》《天梯》，以及《白手成家》等篇章，涵盖了沙漠中的生活、文化、风土人情等多个方面。

整本书既像是一个故事集一样，让读者在书中感受到三毛与荷西之间的爱情故事，又像是一本日记一样，让读者可以更加真实地了解三毛与荷西在撒哈拉沙漠生活的点点滴滴。比如，书中记录了她与荷西在撒哈拉沙漠的生活琐事：一起去海边钓鱼、抓螃蟹；三毛与荷西一起去采菱角；一起去买衣服、买东西；一起去逛超市……

在《沙漠中的饭店》中，三毛与荷西之间的互动妙趣横生，让人忍俊不禁。特别是当荷西无意中发现三毛藏的猪肉干非常美味后，他像小孩子一样偷了一大瓶送给同事。这让那些嘴馋的同事们一见到三毛就故意咳嗽，想再骗到更多的猪肉干。最后，当三毛用小黄瓜代替笋做的"笋片炒冬菇"赢得荷西老板的称赞时，更是让人忍不住乐了起来。这个"狡诈"的三毛，真是让人哭笑不得！

在《结婚记》一篇中，描述了她与荷西公证结婚时的场景——隆重且简洁。字里行间，流露出了新娘为只有一个"骆驼头骨"作结婚礼物和"走路去结婚"的幸福和自豪。在常人看来，用"骆驼头骨"作结婚礼物实在有些不可思议，但这恰恰反映了三毛对婚姻的独特理解，让我们看到了一个真实的三毛。或许，她是用这种方式告诉我们，幸福和满足并不来自于物质的追求，而是来自于内心的平静和对生活的热爱。

在《悬壶济世》中，主要讲述了她作为医生，为邻居们治病的经历。她不仅用奇特独特的方法治疗病人的疾病，还根据中国药书上的老法子，为当地人提供了有效的治疗。甚至有一次，三毛"改行"做起了牙医，用指甲油来补病人的牙齿，结果成功地缓解了他们的疼痛，让他们能够正常咬东西。

当荷西知道这件事后，他感到非常惊讶，整个头发都竖了起来，就像漫画里的人物一样。这也充分展现了三毛聪明调皮的性格。她总是能够以出人意料的方式解决别人的问题，让人感到非常惊奇和钦佩。

如果要说哪一篇最能震撼人，那一定是《娃娃新娘》。它着重讲了撒哈拉沙漠的一个风俗：新娘在坐迎亲的车时，会被车上的男生一直殴打到男生家。这种风俗荒诞而残忍，它将女性视为男性的附属品，而不是独立的个体。按照当地的风俗，女性结婚时不挣扎，事后会被人们嘲笑，只有拼命抵抗才能被认为是好女子。更令人震惊的是，结婚初夜，十岁的小女孩的贞操竟然会被公然用暴力夺取。这种行为不仅侵犯了女性的权益，更是对她们尊严的践踏。

然而，这个世界上总有一些勇敢的女性，她们不屈服于男性的压迫，她们是独立的，她们有自己的想法和追求。三毛就是这样一位女性。她痛恨这个风俗，认为这是一种不公和荒诞的行为。她以自己的行动和文字表达了对这个风俗的反抗和不满。

整本书以《白手成家》作为结尾。这一篇记录了从三毛来到撒哈拉沙漠，到她与荷西一步一步建成"沙地的城堡"的整个过程。其间，虽然充满了挫折，但他们最后还是拥有了一个属于自己的家——一个由"那个灰暗的中间有个大洞的小屋子"到"沙漠中最漂亮的小屋"。在这个家中，三毛和荷西度过了许多美好的时光。

在读过《撒哈拉的故事》后，我们仿佛穿越到了那片广袤而神秘的沙漠。在这片土地上，三毛以细腻的笔触、简洁而有力的文字描绘出了一幅幅生动而真实的生活画卷。她用一篇篇充满哲理的小故事，展示了沙漠中的人情风俗，既让我们深刻感受到当地在保守观念下所受到的古老文化的束缚和压抑，也让我们看到了一个充满活力和情感的世界。

有句诗意盎然的箴言："最遥远的距离，是人在，情在，而归途已不在。"在人生的迢迢长路中，我们邂逅各色人等。

三毛的亲身经历和感受，让我们看到了一个快乐、丰富多彩的三毛，她的美在于她的想象力、幽默感、真诚、灿烂、丰富、深情、忧伤，以及怀旧，这些特质使得她的文字具有了独特的魅力。

读书就是读自己

作为新时代的女性，我们不但要欣赏她充满了诗意和哲理的文字，也要深入她的内心世界，用不同的方式感受生活的美好——尊重自己的内心，做更好、更纯粹的自己。

Step 3

　　《撒哈拉的故事》是一系列以三毛在撒哈拉沙漠中的生活和经历为题材的作品，创作于1973～1976年。当时，撒哈拉沙漠被西班牙占领统治。在这片沙漠中，三毛深入体验了当地的风土人情、社会文化以及生活状态，并将其融入了这一系列作品之中。在三毛的笔下，撒哈拉沙漠不仅仅是一个地理上的奇观，更是一个充满情感、故事和人生哲理的地方。

　　相信，很多人第一次捧起这本书时，脑海里会瞬间浮现出这样一幅画面：在夕阳金黄色的余晖下，浩瀚无边的沙漠宛如一片金色的海洋。一个勇敢追梦女子，身着洁白无瑕的连衣裙，在沙漠上奔跑，裙摆随风飘扬。沙粒在她的脚下飞扬，仿佛是她在追逐梦想的道路上踏出的坚定步伐。她的身影在夕阳的映照下显得格外瘦长，像是一幅动人的画卷……

　　当你真正读过《撒哈拉的故事》后，你会明白，三毛的梦想并非源于那片看似荒芜的土地。她的丈夫——荷西，并非一个具有浪漫情怀的人，而撒哈拉沙漠——这个世界上最大的沙漠，没有明亮的星空，没有绿洲的滋润，远离了尘世的喧嚣，只有无边无际的沙丘和寂静。

那里，白天的烈日让人汗流浃背，夜晚的寒冷则冻得让人瑟瑟发抖。它与我们想象中的"大漠孤烟直，长河落日圆"的景象相去甚远。撒哈拉沙漠，一片贫瘠而荒芜的土地，没有水源，邻居们用布包裹着身体，身上散发着一种难以言表的味道。

在那里，经济落后，资源匮乏。没有水，没有电，甚至没有足够的食物。那里的人们生活在一个几乎与外界隔绝的世界里，大多数人甚至不知道自己的年龄，他们深受迷信的束缚。

对于习惯了追求物质享受和精神滋养的人来说，他们很难理解：三毛为什么要去这样一个近乎什么缺的地方？

这是因为三毛有一个热爱探索、充满好奇心的灵魂，她总是对未知的世界保持着强烈的兴趣。撒哈拉沙漠，作为地球上最大的沙漠，其广阔无垠的沙丘、壮丽的自然景观以及独特的历史文化，无疑对三毛产生了强烈的吸引力。

在到撒哈拉沙漠之前，三毛经历了一段人生的挫折和磨难。她曾经尝试过自杀，并在医院中度过了一段时间。这段经历让三毛开始重新审视自己的人生和价值观，并逐渐走出了心灵的困境。在这个背景下，撒哈拉沙漠成为三毛寻找自我救赎和心灵净土的地方。

撒哈拉沙漠位于非洲北部，覆盖了阿尔及利亚、摩洛哥、利比亚、尼日尔等广大地区。这片沙漠是地球上最干燥、炎热的地区之一，但是，它的美景和独特的生态系统令人叹为观止。沙漠中的沙丘随着太阳的移动，展现出千变万化的色彩，给人一种无边无际的视觉冲击。尽管气候极端恶劣，但撒哈拉沙漠却有着丰富的生物多样性，包括一些适应了极端环境的奇特动植物。

除了自然景观，撒哈拉沙漠还有着深厚的历史文化背景。这里曾是古代贸易的重要通道，连接着非洲、亚洲和欧洲。在撒哈拉沙漠的边缘地区，保留着许多古老的城市和村庄，它们见证了历史的变迁，传承独特的建筑风格和传统文化。例如，摩洛哥的马拉喀什、阿尔及利亚的图古尔特等地都是撒哈拉沙漠周边地区的文化瑰宝。这些城市和村庄不仅是历史的见证，更是人类智慧和文明的结晶。

在撒哈拉沙漠，三毛遇到了她的丈夫荷西，并开始了一段奇特而富有挑战性的生活。他们居住在沙漠中的小屋里，过着简朴而原始的生活。在这里，三毛体验到了与大自然融为一体的感觉，也接触到了不同文化背景的人和他们的生活方式。这些经历让三毛开始思考人类与自然、文明与野性之间的关系，并把这些思考融入她的作品中。

同时，撒哈拉沙漠也是三毛内心深处的自由和梦想的实现地。在沙漠中，她可以自由地探索、发现和感受，不受任何束缚和限制。这种自由和探索精神也是三毛在撒哈拉沙漠中写作的重要动力和灵感来源。

所以，结合写作背景来看，三毛的《撒哈拉的故事》不仅是她在撒哈拉之旅中的所见所闻的真实记录，也是她对人生、自然和梦想的深入思考和感悟。它让人们更加深入地了解了撒哈拉沙漠的魅力和人文价值。

三毛的这部作品会深深触动许多女性读者，她以文字描绘出的梦想世界，激发了当时一些女性对自由与梦想的渴望，让她们意识到追求梦想的重要性。与此同时，这部作品也让当代女性产生了一些思考：我真正想要的是什么？我追求的是什么？

只有找到了自己内心的答案，才能找到自己前进的方向和动力，才能让灵魂有一个好的归宿，而不只是身体的苟且。

读书就是读自己

Step 4

　　三毛的爱情故事是无数人心中的经典。它始于一个春天的午后，当她第一次遇见荷西时，就注定了一段不平凡的爱情。在书中，我们透过她细腻的笔迹，开始了解那个我们从没有去过的地方，开始羡慕她和荷西的那一份爱情……

　　在撒哈拉沙漠这片广袤而荒芜的土地上，除了满目的黄土还是黄土。就是在这样一个看似鸟不拉屎的地方，三毛与荷西的爱情得以绽放——他们经历了烦琐的手续，最终戏剧性地迎来了他们的婚礼。

　　三毛一直期望自己能够穿上婚纱，风光地结一次婚。然而，在撒哈拉沙漠的婚礼上，她并没有选择追求外在的繁华与风光。相反，她选择了简单的方式，追求自己的个性自由。她不拘于小节，不被传统束缚，只在乎自己的内心感受。

　　那天，没有血缘亲人在场，也没有豪华的宴席和烦琐的仪式。但是，对于三毛和荷西来说，这并不重要。他们的爱情已经足够牢固，不需要外在的证明来证明他们的幸福。

　　读到这里，很是让人感动，也很让人羡慕。试想一下，一个深爱你的男人，为了你，他也来到了一望无际的大沙漠，而她对他最深情的告白也是，"因为没有你的世界一团漆黑。我怕，我怕我再度找不到你,就像,一个人走在没有光亮的黑暗之中。"可以说,荷西就是她生命中的一束光。他们的爱情故事成为撒哈拉沙漠中的一道亮丽风景线,也成为人们心中的一段永恒记忆。

三毛和荷西初次相见,是在她离开台北不久,来到西班牙的圣诞节那天。那天,三毛在一个中国朋友的家里庆祝新年。按照西班牙的风俗,圣诞节当天的午夜十二点之后,所有人都会出门互道祝福。就在钟声响起的时候,从朋友家的楼梯上跑下来了一个大男孩,他就是荷西。

三毛是这样描述她第一次见到荷西的情景的:"我第一次看见他时,触电了一般,心想,这个世界上怎么会有这么英俊的男孩子?如果有一天可以作为他的妻子,在虚荣心,也该是一种满足了。"

当时,荷西是一个仅有18岁的少年,他对三毛一见钟情。随后,他有事没事就到三毛那位中国朋友家,与她一起打棒球、打雪仗。虽然三毛正沉浸在与梁光明的失恋痛苦中,但荷西的出现使她暂时忘却了伤痛,找回了快乐。然而,她始终明白,她并不爱他。

自从认识三毛以来,荷西一直竭尽全力为她带来快乐,对她的思念深深地扎根在心中,时刻渴望见到她。为了与三毛相处,他甚至开始逃课。由于还是学生,加上家境并不优渥,荷西邀请三毛去看电影时,他手中仅有的钱只够买两张电影票,连来回的路费都无法解决。他们一起逛旧货市场时,由于荷西囊中羞涩,他们大多只是在市场逛逛,偶尔购买一些便宜的东西。三毛从小喜欢拾荒,荷西便与她一起体验拾荒的乐趣。

后来,荷西渴望与三毛共度一生的愿望越来越强烈。他梦想着与她组建家庭,自己负责赚钱养家,而三毛则负责照顾家庭。于是,他鼓起勇气向三毛求婚。当时他还是一名高中生,他希望三毛能够等待他六年的时间，等他完成大学四年的学业和两年的兵役后便结婚。

然而，尽管荷西对三毛倾心相爱，但三毛心中却只有梁光明。她对荷西的求婚毫不动心，深知自己与他的未来毫无可能。她不愿让这个阳光的大男孩在她身上浪费时间，于是对他说："荷西，你才十八岁，我比你大得多，希望你不要再做这个梦了，从今天起，不要再来找我……因为六年的时间实在太长了，我不知道我会去哪里，我不会等你六年。你要听我的话，不要再来纠缠我。"

荷西听后，愣了一下，问到："这阵子来，我是不是做错了什么？"三毛说："你没有做错什么，我跟你讲这些话，是因为你实在太好了，我不愿意再跟你交往下去。"

于是，荷西转身离开。那天晚上，马德里的天空飘着雪花，看着荷西渐行渐远的身影，三毛突然很想喊一句："荷西，你回来吧！"之后，荷西果真没有再来找她。

在爱情的世界里，我们似乎永远无法判断谁对谁错，喜欢不是错，爱也不是错，爱对了还是爱错了，都不是错。我们也无法去衡量究竟谁爱谁多一些。

有一句话说的好，"爱情永远只能是爱情，而不是生活的种子，我们不能去期望将爱情变成生活的种子，最终绽放出美丽的鲜花，然后结出果实。如果说这样的事情发生了，只能说那种爱情，它本身就寄托在生活之上。"

在那之后，一个日本男孩疯狂地追求三毛，三毛虽然渴望爱情，但她却不爱他。后来三毛处了一个德国男友，不久就分开了。在美国芝加哥城的伊利诺伊大学进修期间，堂哥的一个朋友向三毛求婚，被她拒绝了。回到台北后，三毛打算与一位45岁的德国教师结婚，不料，在临近结婚的日子，那位德国教师死于心脏病。她认为上天对她太不公平，于是她选择结束自己的生命，幸好被及时抢救了过来。

在这期间，有一位西班牙的朋友来看望她，并带来了荷西的一封信。荷西在信中提及马德里的那个雪夜，他说自己哭了一晚，问三毛是否曾记得他，并且还提到了那个六年之约。

那个六年之约，荷西一直记在心间，三毛却从没有把当一回事。后来，她再次来到西班牙，不是为了和荷西再续前缘，而是在当地做了一名小学老师。

一天，三毛与荷西在她一位朋女家见了面。此时的荷西已是一个成熟的男人，他仍然深深地爱恋着三毛。于是，三毛问荷西："你是不是还想结婚？"荷西一时间竟呆住了。他的痴情让三毛深知，在这个世界上，或许没有谁会像荷西这样爱她。

于是，她们建立了恋爱关系。

此时的三毛，非常想去撒哈拉沙漠。荷西原本想去爱琴海，认为那里更浪漫更神秘，但是，他依了三毛，和她一起踏上了去往撒哈拉的旅程。然后，她们就在撒哈拉沙漠上演了一场空前绝后的爱情。

有人曾问三毛，是不是因为沙漠生活艰苦，太空虚了，才想到和荷西相濡以沫呢？三毛反问道，那为什么艰苦和空虚没有使他们相互争吵、翻脸，进而离开沙漠，飞鸟投林呢？在她的内心深处，他们的感情是纯粹的，是神圣的，是不含半点杂质的。

后来，因为当地发生战事的原因，三毛不得不离开了与荷西共同生活了3年零8个月的土地，来到了大西洋中的大加纳利群岛。她曾说过，撒哈拉是她的"前世乡愁"，是她"梦里的情人"。

三毛离开后，荷西还在撒哈拉沙漠工作。后来，荷西辞职了，他们搬到了拉帕尔玛岛，但三毛觉得这座岛是死亡之岛。当三毛的父母来欧洲旅游并第一次见到荷西时，他们很喜欢他。荷西陪伴他们游览了很多地方。一个月后，三毛陪同父母去英国，让她没有想到的是，这次和荷西的分别，竟然成了永别。

三毛到达英国后不久，便得知荷西去世的消息——他和平时一样潜入海底捕鱼，却再也未能游上岸。

他们的故事就这样结束了。假如荷西没有离世，或许三毛会和这个她心爱的人厮守到老。她思念荷西的时候，曾说："每想你一次，天上飘落一粒沙，从此形成了撒哈拉。每想你一次，天上就掉下一滴水，于是形成了太平洋。"

正如有的人所说，对于三毛而言，遇见荷西并与之相爱、结婚，并非她涉足红尘的开端，反而成为她离开红尘的标志。他们的婚姻生活，并非人间俗世的生活，更像是神仙眷侣来到人间游弋一番。

有一种爱，虽不在身边，却总挂在眉头；有一个人，虽无缘相伴，却时刻在心头。从不特意去思念，但快乐或忧愁时，孤独或众欢时，享受美景或美食时……总觉得那个人应该就在身边，然后会觉得，如没有那个人，那一切就失去了太多的意义！于是心会颤动，仿佛被刺痛，眼泪会止不住地涌出！只有经历过的人才能真正理解：或许每个人心中都住着一个特殊的人，曾经深深地爱过。"相爱只需一瞬间，相忘却需一生"。是的，三毛与荷西的爱情故事，让我们相信，这世间没有永恒的陪伴，却有永恒的思念！这种思念，如同一个永恒的约定，让我们在生命的旅程中不再孤单。

Step 5

三毛的笔下的撒哈拉沙漠确实展现出了一种独特的魅力。她以撒哈拉沙漠为背景,用细腻的笔触描绘了这片广袤沙漠的壮美风光,同时也揭示了当地社会的一些黑暗面,让人们知道,时至今日,这个世界上还存在着这样的一个与世隔绝的角落,并让读者感受到这片土地的美丽与哀愁,以及人们的快乐与悲伤。

在这个世界上,有些地方的存在仿佛是一首独特的诗篇,它们以独特的方式触动人的灵魂,激起内心的情感。对于三毛来说,这个地方就是撒哈拉沙漠。在这片浩渺的沙漠中,她遇见了形形色色的人物,聆听了他们的故事,感受了他们的生活,而这一切都深深地影响着她,成为她人生中难以忘怀的记忆。

在沙漠中,三毛遇到了不同的人物,看到了发生在他们身上的一些故事。其中让人印象深刻有的阿吉达、沙里、西撒等。

她首先遇见了绿洲的守护者——阿吉达。阿吉达,一个在沙漠中犹如坚硬岩石般的人物,他的皮肤被烈日晒得黝黑,宛如经历过岁月洗礼的古老铜镜。他的眼神深邃而冷峻,仿佛能看透生活的繁华与虚妄,透露出一种生活的沉淀与坚韧。

他的生活方式和价值观,让三毛初次体验到了沙漠生活的粗犷与孤独。然而，阿吉达的生活态度——坚韧而敬畏自然，却如同一股清流，穿透了三毛的心。他在生活的艰辛中寻找到了一种宁静，那是对生命的敬畏，对自然的尊重。

随后，三毛遇见了令人敬畏的部落首领——沙里。沙里，一个形象高大而威猛的人物，他的眼神宛如沙漠中的烈日，明亮而炽热。他的智慧和勇气，使他在沙漠中赢得了人们的尊重与敬畏。沙里教给三毛的是如何在恶劣的环境中，保持内心的宁静和坚韧，如何用勇气和决心去面对生活的困境。他的故事，如同一部史诗，激发了三毛内心的勇气与决心。

之后，三毛遇见了孤独的守护者——西撒。西撒是一个年轻的画家，他的生活充满了对沙漠的热爱和对自由的向往。他的孤独和坚韧，如同一颗顽强的胡杨，深深地扎根在沙漠之中。他的故事告诉三毛，每个人都有自己的生活方式和追求，无论生活有多么艰难，只要我们坚持自己的信念，就能找到属于自己的生活意义。

这些人物的遇见，如同一部生活的百科全书，打开了三毛对生命的新视角。他们告诉她，生活不仅仅是生存，更是对生命的热爱和尊重。在沙漠这个极端的环境中，人们学会了珍惜生命，学会了对自然的敬畏，学会了坚韧和勇敢。

另外，三毛也讲述了一些她曾闻所未闻的故事。通过这些故事，我们看到了生活的多样性和丰富性，也看到了人性的光辉和暗淡。他们的故事，如同一首首动人的诗篇，唤醒了三毛内心深处的情感。比如，书中讲到了一个关于哑奴的故事。

在撒哈拉，三毛结识了一对当地的夫妇，并受邀参加了他们的聚会。在聚会上，他们结识了一个名叫阿里的年轻人。阿里是一个充满理想的年轻人，他渴望改变自己家乡的现状。他向三毛讲述了自己的计划和梦想，希望能够通过自己的努力改变撒哈拉威人的生活。

在聚会上，有一个小黑奴，只有八九岁，却非常聪明伶俐。三毛离开时，她轻轻地走向小男孩，握住他的手，塞了二百块钱在他的手心里，并轻声对他说："谢谢你。"这个小男孩就是哑奴的儿子。

哑奴并不是先天性的哑巴，他因为耳朵听不见而无法说话，但是他的口里会发声。他是阿里家的奴隶，但他的举止文明而有礼貌。他第一次来找三毛还钱时，轻轻地叩了三下门就不再敲了。当三毛开门后，他弯下腰，双手交握在胸前，这个有礼的哑奴和其他无礼的当地人形成了鲜明的对比。

起初，哑奴坚持要把钱还给三毛，但三毛拒绝收下。哑奴看懂了三毛的手势，明白三毛给小男孩钱是为了感谢他烤肉给自己吃。他感受到了三毛的真诚，就不再推辞了。

哑奴是一个感恩并知恩图报的人。有一天清晨，他悄悄地把一颗青翠碧绿的生菜放在了三毛家门口，上面还细心地撒了水。在干燥的沙漠里，绿色蔬菜是非常珍贵的东西，只有富人才能经常吃到。而哑奴却把自己仅有的、最珍贵的生菜作为礼物送给了三毛。

尽管哑奴是一个贫穷至极的人，甚至不能主宰自己的身体，但他却是一个有教养的人。他没有值钱的东西来回报三毛，但他会尽自己所能去表达感谢之情。

哑奴会悄悄地帮助三毛修补被山羊踩坏的天棚，会在夜间取水来替三毛洗车，还会在刮大风的时候帮三毛收好衣服，并放在一个洗干净的袋子里。哑奴懂得星象，能为书上看到的星星画出它们的大概位置。他甚至知道外乡人如果不吃生菜，牙龈就会流血。他还是全沙漠价格最贵、手艺最好的泥水匠。

　　三毛的邻居想租用哑奴来加盖天台，都需要等待好几天才能得到他的帮助。尽管哑奴是奴隶，但三毛并没有因为他的身份而歧视他。

　　除此之外，像"素人渔夫""沙巴军曹故事"等也都非常精彩，百读不厌。读完这本书，每个人物，每个故事情节，都会在脑海生成一段段精彩的短视频，并不断地被回放，这种画面感不仅是神秘的，也是美好的，更值得细细品味，正如三毛在文中所说："生命的过程，无论是阳春白雪，青菜豆腐，我都得尝尝是什么滋味，才不枉来走这么一遭啊。"

　　《撒哈拉的故事》给读者带来了一种不一样的沙漠世界。我们读这部作品，不能把它只视为一部故事集，而应看作是关于生命、爱情和人性的伟大诗篇。在这部诗篇中，她用细腻的笔触描绘出了生命的脆弱和坚韧，人性的善良和邪恶。她通过自己的经历，让我们看到了生命的可贵和珍惜，看到了爱情的美丽和伟大，同时，对野蛮和文明并存的社会感到不解与困惑，有着令人心酸的反差和难以言表的疼痛。

Step 6

《撒哈拉的故事》是三毛旅行经历的记录。在三毛的笔下，撒哈拉沙漠不仅是一个自然景观，更是一种内心体验和人生哲学的体现。在撒哈拉沙漠中，三毛经历了种种挑战和成长，对自然和人生有了新的认识和理解。

"不要问我从哪里来，我的故乡在远方，为什么流浪，流浪远方，为了梦中的橄榄树……"这是三毛在自己创作的《橄榄树》歌词中写的。

梦中的橄榄树到底是什么？有人说这是因为三毛对现实感到不满意，无法实现理想的自由。带着这样的梦想，23岁那年，她开启心灵成长之旅，虽然她的足迹先后遍布59个国家，但她将撒哈拉沙漠视为第二故乡，自己的梦中情人。

那种情感是从什么时候埋下的种子呢？应该是小时候吧。

有一次，她翻阅一本美国的《国家地理》杂志，发现其中有一篇介绍撒哈拉沙漠的文章。沙漠的金黄美丽景观一望无际，神秘而诱人，深深地触动了三毛的心灵。她心中隐藏已久的强烈情感瞬间迸发，激发了她前往撒哈拉沙漠居住一两年的想法。于是，她带着一颗驿动的心，怀揣浪漫，义无反顾地踏上了前往撒哈拉沙漠的旅程。

她说:"我不能解释的,属于前世回忆式的乡愁,就莫名其妙,毫无保留地交给了那一片陌生的大地。"在她的笔下,撒哈拉是一幅凄美而宏伟的绝美景色,其广阔的空间和壮丽的景观令人叹为观止:"我举目望去,无际的沙漠上有寂寞的大风呜咽地吹过,天,是高的,地是沉厚雄壮而安静的。正是黄昏,落日将沙漠染成鲜血的红色,凄艳恐怖。"读到这些语句,我们顿然有些身临其境的奇妙感受。

再如:"从阁楼上的斜窗里看出去,山峦连绵成一道清清楚楚的棱线,在深蓝的苍穹下,也悄然睡去。"

"在撒哈拉沙漠里,看日出日落时一群群飞奔野羚羊的美景时,三毛的心才清净许多,可以暂时忘却现实生活的枯燥和艰苦。"

在这样生动的描述中,我们似乎与三毛同行,和她一起感受着撒哈拉沙漠奇特而宏伟的自然风光。

很多读者可能不知道,在正式踏入沙漠之前,三毛内心充满了复杂的情感。她曾经在城市中过着安逸的生活,然而在内心深处,她一直向往着自由和自然。撒哈拉沙漠的广袤和空旷让三毛感到一种深深的敬畏和好奇。在进入沙漠的初期,她内心充满了对未知的恐惧和不安,但同时也充满了对未来的期待和希望。这种复杂的情感交织在一起,使她在面对沙漠的严酷环境时,始终保持着坚韧和勇气。

在撒哈拉沙漠中,三毛遭遇了各种挑战和困境。首先,她面临着环境的变化,沙漠中的生活充满艰辛,水源稀缺,食物有限。为了生存,三毛学会了在沙漠中寻找水源,捕捉食物,甚至利用沙漠中的材料制作生活必需品。这些经历锻炼了她的生存技能,也让她对人类的生存有了更深的理解。

除了生存的挑战，三毛在沙漠中也遭遇了人际关系的困境。她与当地居民的交流充满了障碍和误解。然而，正是在这种困境中，三毛学会了尊重他人的文化和习俗，学会了如何在不同的文化背景下与人交流。这些遭遇使她的世界观更加开阔，也让她对人性有了更深的理解。

虽然历经了种种困难与挑战，但她从未放弃。正是这些经历让她成长、让她理解、让她去爱。撒哈拉沙漠对于三毛来说，不仅是一个地理上的位置，更是一段人生的旅程，一段充满感悟与启迪的旅程。

当然，三毛也收获了一段刻骨铭心的爱情。她与荷西的爱情故事在这片沙漠中得到了升华。荷西的存在让三毛感到生活的美好和希望。他们的爱情就像沙漠中的绿洲，为三毛的生活带来了无尽的希望和力量。这段爱情经历让三毛对生命和爱情有了更深刻的认识，也使她的生活更加充实和有意义。

在撒哈拉沙漠的旅程中，三毛的心灵经历了深刻的洗礼和成长。沙漠的浩渺和空旷让她感到人类生命的渺小和脆弱，同时也唤醒了她内心对自然和生命的敬畏与热爱。

三毛曾说："我们来到这个生命和躯体里必然是有使命的，越是艰难的事情便越当去超越它。"在撒哈拉沙漠经历的种种挑战，让三毛对自然和人生有了新的认识和理解。在现代社会中，我们往往为了追逐着金钱、名利和地位，而忽视了对自我和世界的探索。生命的真谛并不在于我们拥有的物质财富，而在于我们对自我和世界的认知和理解。只有在内心世界中找到真正的自我，才能真正地理解生活的意义和价值。

Step 7

《撒哈拉的故事》是一本旅行记述，它以沙漠为背景，展现了三毛对自然、人类和生活的独到见解和体验。这部作品不仅具有浓郁的异域风情和文化内涵，还蕴含了深刻的人生哲理和思想内涵，是一部具有极高艺术价值的作品。

在阅读《撒哈拉的故事》的过程中，我们不仅能够欣赏到三毛优美的文笔，还能激发深入的思考，从而被带入一个充满奇遇和感悟的世界。所以，这部作品问世以来，以其充满异域风情的描绘和深刻的人生哲理，赢得了全球读者的喜爱。

《撒哈拉的故事》是一本优秀的文学作品，具有很高的艺术价值。三毛的文字简练、流畅，富有诗意和哲理，具有很强的艺术感染力。她通过对沙漠的描写，展现了自然的美丽和力量，通过对当地居民的生活状态的描述，展现了人的生存状态和人性之美。这本书不仅让读者了解了沙漠地区的风土人情，也让他们感受到了人类对自由和真实的追求。

《撒哈拉的故事》对读者有很大的启示和思考。三毛在作品中展现了不同于传统价值观的一种独特的人生观和价值观。她认为，生命的意义不仅在于追求物质利益和社会地位，更在于追求自由、真实和内心的平静。她尊重自然、尊重生命、尊重他人，同时也追求自我价值和精神的自由。这种人生观和价值观对现代社会的读者有很大的启示和思考，可以帮助他们重新审视自己的人生观和价值观，追求更为自由和真实的生活。

有人甚至说，在读《撒哈拉的故事》后，自己读懂了三毛，读懂了她的美，她是一个灵魂漂泊的女子，去探索沙漠的奥秘，去体验沙漠风情，去寻找自由的生活。从她的身上，我们看到了她对生活的执着，追求，以及对生活的热爱。

《撒哈拉的沙漠》也对社会有很大的启示和思考。三毛通过对当地居民的生活状态的描述，展现了非洲地区的贫富差距和不公平现象。她对当地社会的描写，让读者了解了社会问题的严重性和复杂性，同时也让他们思考了社会公正和社会责任的问题。这本书不仅让读者了解了不同的文化背景，也让他们思考了人类社会的共同问题。

总之，《撒哈拉的故事》是一部充满魅力和感染力的作品，它展现了三毛独特的写作风格和深刻的人生感悟。它不仅让我们了解了撒哈拉沙漠的风土人情，更让我们感受到了生命的美丽和人性的善良。正如三毛所言，"生命的过程，无论是阳春白雪，还是青菜豆腐，都要自己去尝一尝，才知其中滋味。"这部作品让我们更加珍惜生命中的每一个瞬间，更加热爱这个多姿多彩的世界。

在生活中，每个人的心里都会萌生出一个属于自己的"撒哈拉"，就如三毛所说，"每个人心中都有一个小小的沙漠，那里埋葬着他们的过去和梦想。"我们总是憧憬着能够背起行囊，去体验各地的风土人情，然而，却往往止步于空想，始终未曾踏出那第一步。其实，学业、工作、金钱，甚至是一些困难，都不应成为阻挡我们前行的障碍。只要我们敢于将梦想付诸实践，不让灵魂四处漂泊，便足以克服所有难题，活出别样的自我。只要我们敢于踏出第一步，去迎接未知的挑战，去拥抱新的生活，我们便能够发现自己的价值和力量。

Chapter 7

《傲慢与偏见》·摒除偏见，才能缔结幸福之果

傲慢让别人无法来爱我，偏见让我无法去爱别人。

《傲慢与偏见》·摒除偏见，才能缔结幸福之果

Step 1

很多人喜欢奥斯汀的这部小说，是因为它简单优雅，有着英伦式的清新与温婉，每读一遍，都会重新爱上达西和丽茨一次。整部书活脱脱就是把英国十八世纪末与十九世纪初的乡镇生活和世态人情摆给你看，像是威廉·透纳的一幅风景画一样，具有非常独特的艺术享受，那种感觉无以言表。

简·奥斯汀（1775年—1817年），英国文学史上最优秀的小说家之一。她出生于英国乡村小镇斯蒂文顿，父亲是当地教区牧师。奥斯汀从没有上过正规学校，只是9岁时曾被送往她姐姐所在的学校随读，但她在父母指导下阅读了大量文学作品。

从十三四岁开始，奥斯汀便热衷于写作，并一直将之视为乐趣。她在21岁时完成了她的第一部小说《最初的印象》（后改名《傲慢与偏见》），然而她的父亲与出版商联系后未能取得成果。尽管如此，奥斯汀并未放弃写作，继续创作其他作品。直到1811年，她才发表了第一部小说《理智与情感》，随后又相继发表了《傲慢与偏见》《曼斯菲尔德庄园》和《爱玛》。

其中，《傲慢与偏见》被誉为英国文学史上的经典之作。这部小说以19世纪英国上层社会为背景，讲述了女主人公伊丽莎

白·班纳特和富有绅士达西先生之间的爱情故事。同时，它也深入探讨了当时社会的婚姻制度、家庭观念和阶级观念等方面的问题。

后人对奥斯汀作品的评价褒贬不一，有人赞誉她可与莎士比亚媲美，而有人则像马克·吐温一样认为"一个没有奥斯汀作品的图书馆才是好的图书馆"。

1816年初，奥斯汀患上重病，最终于1817年7月18日在姐姐怀中离世，葬于汉普郡的温彻斯特大教堂。在她去世后的1818年，她的哥哥出版了她的另外两部小说《诺桑觉寺》和《劝导》。

在感情方面，20岁的奥斯汀曾与爱尔兰律师汤姆·勒弗罗伊相恋。然而，由于双方来自不富裕的多子女家庭，并且两家都希望与富有的人联姻，最终他们不得不分手。尽管有人向奥斯汀求婚，但她终身未嫁。

在简·奥斯汀生活的时代，女性并没有太多的权利。当时的女性只有两种未来值得期待：出生在富裕家庭或嫁给富裕人家，因为爱情而结婚是一种奢望。奥斯汀的小说正是她所生活的那个世界的真实写照。

因此，她的作品在一定程度上反映了当时的社会现象，是女性的一种呐喊。爱情是婚姻中最基本的条件之一，金钱也是如此。对待金钱应该有度，过于追求财富会陷入拜金主义的泥沼。

她是一个相貌普通的女子，然而却拥有着细腻的情感和非凡的才华。在她的笔下，爱情的喜怒哀乐、犹豫与坚持如清泉般流淌，触动人心。

奥斯汀以理智诠释爱情，虽然不及《远大前程》的繁华悲壮，没有《茶花女》的生死相随，也没有《红与黑》的浪漫激情，但她所描绘的社会现实却是如此深刻。

对于20岁的奥斯汀来说，那段转瞬即逝的爱恋无疑是她生命中最婉转、最惆怅的等待。性格坚定的她转而拿起笔来，让爱情在虚拟的小说世界里自由生长、扎根、发芽、开花、结果。所有浪漫的爱情都以结婚为终点，没有后续，这与作者本人未曾经历婚姻生活有关。爱情是迷人的，但在现实世界中无法实现的爱情却令人绝望。奥斯汀的生命之火在无望的等待中燃尽了，然而，她给世界留下了一段明朗而完满的爱情故事——它的名字叫做《傲慢与偏见》。

在《傲慢与偏见》中，奥斯汀以女性特有的敏锐观察力，对英国乡村中产阶级家庭的日常生活进行了细致入微的洞察，真实地描绘了她周围世界的小天地，尤其是绅士淑女间的婚姻和爱情风波，并塑造出了一批有个性、独立思考的新女性形象。

《傲慢与偏见》是英国文学史上一部脍炙人口的作品。它讲述了男女主角在误解、成长和理解的过程中逐渐相爱的故事。通过细腻的心理描写和引人入胜的情节，展示了19世纪英国社会的伦理风尚和价值观。

在《傲慢与偏见》中，作者描述了伊丽莎白和达西如何在傲慢与偏见的影响下，经历了误解、冲突，最终达到理解和接纳的过程。这个过程不仅展示了个人成长和自我发现，也提供了对当时社会现象的深刻反思——傲慢和偏见是人性中的普遍存在，它们容易使我们对他人的判断产生扭曲，从而无法看到真实的面貌。面对社会中的种种偏见，我们需要保持独立思考的能力，勇于挑战既定的观念和看法。同时，也需要有足够的耐心和决心，去理解和接纳那些与自己观念不同的人。

Step 2

奥斯汀生活在英国摄政王（即后来的乔治四世）的反动统治时期，摄政王的残暴闻名于是。当时，庸俗无聊的"感伤小说"和"哥特小说"充斥英国文坛，奥斯汀的小说破旧立新，一反陈规地展现了当时尚未受到资本主义工业革命冲击的英国乡村中产阶级的日常生活和田园风光。《傲慢与偏见》正是在这种历史背景下被创作出来的，它在英国小说的发展史上有承上启下的意义。

《傲慢与偏见》的故事背景设定在18世纪末的英国乔治王时期，这一时期正值乡村贵族社会的转型期，社会、经济和文化经历巨大变革。这些变革包括法国革命的爆发、英国工业的兴起、工人运动的兴起、农村人口外流、农业经济逐渐凋敝以及知识分子掀起火热的民主运动。

在这一时期，英国社会正经历深刻变化。随着工业革命的兴起，农村人口向城市迁移，工业化快速发展，改变了人们的生活方式和社会结构。农业生产方式的改变和科技进步使得农民阶级逐渐崛起，而城市化的不断推进使得城市中新兴的工商业阶级成为社会的重要力量。

这些社会结构的变革也影响到乡村贵族社会，特别是那些依赖土地和农业为生的家族。传统的贵族地主阶级开始面临经济上的挑战和社会地位的动摇。他们的土地收入减少，依赖农民劳动力的经济模式逐渐失效，导致他们在社会上的地位下降。同时，新兴的工商业阶级通过商业活动积累财富，开始对社会地位产生更多影响力。小说中的班纳特家族就是典型的例子。作为小地主，他们在乡村社会中具有一定地位和财产，但经济状况并不富裕。他们的生活依赖于租金和农产物的收入，这使得他们在社会中处于一个中间地位，既不属于贵族阶级，也不属于工商业阶级。这种社会地位的不稳定性使得他们在婚姻问题上面临额外的困扰，因为他们需要通过婚姻来改善经济状况和社会地位。

另一方面，城市化的推进形成了紧密的城乡联系。城市工商业阶级的财富和社会地位给乡村贵族带来了新的机会和挑战。城市中的社交圈成为他们提升社会地位和婚姻选择的重要场所。这种城乡之间的互动描绘了社会结构的变化，同时凸显了不同阶层之间的观念冲突和价值观的碰撞。在小说中，达西先生作为城市中的富有和傲慢的角色，与班纳特家族的成员发生冲突并引发了争执。他代表了新兴的城市贵族阶级，他们自视甚高，不屑于与乡村人交往。这一冲突体现了那个时代背景下城乡社会之间的矛盾和对立。

与此同时，小说还刻画了女性地位的变化。在18世纪末的英国社会，女性的社会地位相对较低，她们的主要目标是寻求良好的婚姻。然而，随着时代的变迁，女性开始追求更多的自主权和独立性。伊丽莎白·班纳特就是这种变化的典型代表，她拒绝了达西先生的婚约，坚持追求真爱和真实的感情。

通过描绘时代背景，奥斯汀在《傲慢与偏见》中反映了当时社会的各种问题和变革。她对乡村贵族社会的描绘既真实又深入，展现了他们面临的困境和挑战。同时，她也关注了城市化进程中新兴阶级的兴起，展现了社会层级的变动和冲突。此外，她通过塑造女性角色，呼吁女性追求真爱和真实的感情，超越传统婚姻观念的束缚。

  由此可见，乔治王时期的英国，社会正处于一个剧变的历史节点。古老的乡村贵族社会正在逐渐让步于新兴的工业化和城市化进程。这种变革为《傲慢与偏见》提供了肥沃的社会土壤和人文背景。

  奥斯汀巧妙地运用时代背景，创作了这部杰作。她将人物性格、情节发展和社会问题紧密地联系在一起，使这部小说成为一部既反映时代特征，又深入人性的探索。因此受到了读者的喜爱和推崇。

  在二百多年前，奥斯汀就在《傲慢与偏见》中隐隐地表达了一种观点：婚姻不应该只是为了经济保障和社会地位的提升。这与我们当代社会的婚姻观念高度契合——傲慢与偏见会让人误入歧途，特别是在爱情与婚姻方面，在选择伴侣时，要有更多的自主权与独立性，不应受传统角色的束缚，把爱情或婚姻当作简单的利益交换，而应该注重对方的内在品质和真实的感情，这样才能获得属于自己的幸福。

Step 3

简·奥斯汀的《傲慢与偏见》是一部历久弥新的经典之作。其伟大之处在于，让受伤的人依然相信爱情。全书叙述了四段婚姻，夏洛特与柯林斯的巧合之遇，威克汉姆和莉迪亚的命中注定，简英和宾利的理所当然，伊丽莎白和达西的终成眷属。可见，几个姐妹和女友的婚事都是陪衬，与女主人公理想的婚姻形成了显明对照。

《傲慢与偏见》描述了18世纪末到19世纪初，处于保守和闭塞状态下的英国乡镇生活和世态人情，其中所蕴含的对婚姻的理解和对人生的探索，仍然具有深刻的现实意义。

故事以小乡绅家庭的几位女儿的婚姻经历为核心，其中二女儿伊丽莎白与达西的感情线索尤为引人入胜。在奥斯汀的笔下，伊丽莎白和达西的恋情历经曲折，最终得以结为良配，过上了每个人都向往的幸福生活。

这段童话般的恋情也向读者揭示了婚姻中门当户对的本质：真正的门当户对，不是门第和财富，而是超越简单的表面主义，两个人能够达到思想的同步和灵魂的共契。这种对婚姻的理解和追求，在当时的社会背景下无疑是非常独特和深刻的。

伊丽莎白出生在一个地处偏远乡镇的小资产阶级家庭，家中五个姐妹，却无男孩。在那个时代，女性在财产继承上并无优势，因此她的姐妹们无法继承家业。班纳特先生的所有地产和房产都将由远亲的男性继承。因此，伊丽莎白的生活境遇相对较为贫困。

当伊丽莎白首次在舞会上遇见达西时，她对他产生了极好的印象。达西每年有一万英镑的收入，但他严肃且内向，与周围人格格不入。在开朗而健谈的彬格莱的对比下，达西显得更加不合群。由于达西的高傲和沉默，伊丽莎白对他的印象开始变得糟糕起来。

然而，随着时间的推移，伊丽莎白与达西有了更多的接触机会。尽管达西一开始表现得冷漠且傲慢，但他的英俊外表和高尚的教养却深深吸引了伊丽莎白。同时，伊丽莎白也意识到达西并不是一个冷漠的人。他只是不善于表达自己的情感。

在故事的发展过程中，伊丽莎白对达西的偏见逐渐消失。她开始欣赏他的诚实和善良。虽然达西的社会地位和经济实力让伊丽莎白一开始心生畏惧，但她最终认识到他的人格魅力并对他产生了感情。

宾格利的妹妹一心想追求达西，当她发现达西对伊丽莎白有意时，出于嫉妒，执意从中阻挠。达西虽然欣赏伊丽莎白，但不能忍受她母亲及妹妹们粗俗、无礼的举止。

此时，班纳特先生的继承人柯林斯前来拜访。这位粗鄙无知、仅靠趋炎附势当上牧师的表兄向伊丽莎白求婚，但连续遭到她的拒绝。柯林斯先生并未感到羞愧，随后就与伊丽莎白的好友夏洛特·卢卡斯订了婚。

达西曾认识一个人，他是附近小镇的年轻军官，名叫乔治·韦翰。伊丽莎白对韦翰有些好感，于是韦翰趁机诽谤达西的为人，称自己应得的一大笔财产曾被达西侵吞。这使得伊丽莎白开始厌恶达西。

柯林斯夫妇邀请伊丽莎白前往他们家做客。在那里，伊丽莎白遇到了达西的姨妈凯瑟琳。不久之后，她又见到了达西。达西再次为伊丽莎白所吸引，他向她求婚，但因为态度傲慢被拒绝。

他逐渐认识到骄傲自大所带来的恶果，于是给伊丽莎白写了一封信，矢口否认做过对不起韦翰的事。伊丽莎白读信后深感后悔，也开始慢慢消除对达西的偏见。

第二年夏天，伊丽莎白来到了达西的庄园参观。在这里，她对达西的性格和为人有了更深入的了解。她发现达西不仅慷慨大方，还非常关心和照顾庄园的员工和周边居民。

从那之后，伊丽莎白对达西的印象开始逐渐发生转变。达西的姨母、傲慢的凯瑟琳夫人曾要求伊丽莎白放弃达西，但这一无理要求遭到了伊丽莎白的坚决拒绝。受到这样的鼓舞，达西又一次真诚地向伊丽莎白求婚。最终，他们走到了一起。

作者通过四起婚事对照，就当时的道德现状和个人体验，提出了道德行为规范问题，表达了自己对建立在相互理解和真诚爱情基础上的婚姻的赞扬，否定了婚姻中以门第财产和情欲为基础的市侩态度。

这部小说的核心在于，伊丽莎白虽然并不具备当时社会对女性所期待的美丽和德行，但她并未因此而感到自卑或向地位优越的达西祈求爱情。在达西的求婚面前，她没有受宠若惊地接受，而是坚持了自己的原则和独立个性，基于自己的价值观进行了自主抉择和批判。她对达西的傲慢进行了谴责，最终促使达西克服了自己的傲气。伊丽莎白也消除了对达西的偏见，两人误会得以消除，最终结为夫妻。她的"活泼真诚，想从心灵深处说真话的有理性"的气质赢得了达西的爱情，获得了一份真正的爱情。

这部小说在英国小说发展史上具有承上启下的意义。它展示了乡镇中产阶级家庭出身的少女对婚姻爱情问题的不同态度，从而阐明了作者的恋爱婚姻伦理道德观：婚姻绝对不能仅仅建立在金钱、地位的基石上，如果没有真挚的感情，那么这种婚姻是不可能持久的。但作者对待金钱和地位的态度又不是绝对排斥，"一场没有经济基础的婚姻是愚蠢的"。不得不说，这种观念与其自身的家庭生活经历和所处的地位有关。

读《傲慢与偏见》，我们无法绕过一个现实的问题：幸福婚姻的真相到底是什么？是娶了"白富美"，嫁给"高富帅"吗？当然不是！更不是说，你有几分姿色，天真烂漫，就一定会遇到霸道总裁，从此逆天改命。真正让婚姻稳定的不是两个家庭的贫富相近，而是两个同等高度的灵魂的携手共进，彼此享受自己选择的人。因为能够走到最后的爱情，不一定是对方多爱你，而是在共同的生活中摒弃傲慢与偏见，追求内在的平等与和谐，并找到爱自己的方式。也就是说，和谁过，到最后其实都是和自己过。

Step 4

在简·奥斯汀的《傲慢与偏见》中,她以细腻的笔触和精准的观察,描绘出了一个社会等级森严、婚姻观念保守的时代。这部小说不仅是一部描绘19世纪英国乡村生活和社交风俗的画卷,更深入地探讨了人性中的傲慢与偏见、社会等级与婚姻观念等主题。

《傲慢与偏见》主要聚焦于爱情,叙述了一个鲜明的平民女孩伊丽莎白如何与贵族男子达西相遇、相识,他们之间如何产生误解、倾诉内心、相互了解并最终相爱的故事。

作者通过小说揭示了当时社会背景下不同阶层联姻的困境,对此进行了批判。为此,在阅读过程中,我们需要把握住一个核心主题——爱情与婚姻。

在《傲慢与偏见》中,婚姻的形式多种多样,但很少是基于纯粹的爱情。许多婚姻更多地考虑经济利益或生理需求,而忽视了真正的感情。然而,这并不意味着该作品只是简单地探讨了言情主题。事实上,简·奥斯汀通过这部作品反映了当时社会中的许多重要问题,例如社会等级制度、金钱对婚姻的影响以及人们对爱情和幸福的看法。因此,我们需要明确一点:这里的"爱情"并不是许多人想象中的简单言情,而是指那种深沉、理智且成熟的爱,它需要智慧和心理成熟来理解和欣赏。同时,《傲慢与偏见》也呈现了社会中存在的许多复杂问题,这些问题并不是简单的言情主题所能涵盖的,所以,它也是一部社会史。

在奥斯汀之前,18世纪后期的英国小说中有一股女性感情潮流,充满伤心流泪的感伤情调和为忧郁而忧郁的嗜好。

《傲慢与偏见》开篇便宣称:"对于所有拥有财产的单身汉来说,必须要娶一位太太,这已成为一条公认的法则。"这实际上意味着"每一位女士都应当嫁给一位有钱的单身汉"。这句话简洁而深刻地揭示了当时社会中人们被金钱束缚的现实,尤其在小说中的人物身上体现得淋漓尽致!

整个作品让人深思的是,主人公们对金钱的重视。无论是婚姻还是幸福,他们都与一定的金钱利益密切相关。在他们的眼中,金钱似乎是唯一能给他们安全感的来源。

于是,出现了这样的一幕:当村里来了一位有钱的绅士时,班纳特太太立刻认定他是自己女儿们的理想丈夫。当伊丽莎白拒绝柯林斯的求婚时,她非常生气,并责怪女儿不明智。在她看来,柯林斯的财富可以保证伊丽莎白未来的生活稳定,就像她年轻时通过婚姻获得的衣食无忧一样。对她来说,没有其他原因,这只是规律。

作品中的这种社会现象让我们意识到金钱在人们生活中的重要地位,以及社会对婚姻和幸福的定义。然而,通过伊丽莎白和达西的感情故事,作品也表达了对真爱和独立性的追求。这表明即使在金钱主导的社会中,人们仍然可以追求真正的爱情和幸福。

可以说,书中几对男女的分分合合,源于他们对金钱的抗争和对幸福的追求。当他们疲倦了这种抗争和追求,各自都放下了傲慢与偏见,做出了符合自己内心选择的事情。实际上,当他们放下这些的时候，他们就已经将幸福与金钱区分开来了，也重新审视了自己的价值观。然而，这些耐人寻味的情节同时也向读者提出了发人深省的问题：幸福和金钱是交错的还是平行的？我们的价值观是否存在问题？

幸福和金钱并没有固定的交集，但如果有人扭曲了自己的人生观和价值观，他的幸福就会建立在金钱上。然而，这种所谓的幸福只是被金钱的诱惑蒙蔽了双眼。当我们意识到这一点并纠正这种观念时，我们会发现我们之前犯下了多么严重的错误。

在日常生活中，我们不能因为事物的表面现象和外界的干扰而迷失方向，要相信自己的内心选择。放下个人的傲慢与偏见，做出符合道德的决定，才能拥有一个正确的人生观。

消除傲慢与偏见的最有效方法就是爱。爱，是一种崇高的情感，它能够让我们真诚地放下傲慢，摒弃自以为是的优越感。在爱的光辉中，我们学会了以平等的心态去尊重他人，关爱我们所爱的人。这种关爱不是简单的施舍，而是用真诚的心去感受他人的需求和情感，用包容和理解的眼光去看待他人的差异和缺点。爱也能让我们彻底放弃偏见，用真诚的心去了解他人，感受他们的善良和真情。这种对他人的理解和尊重，不仅让我们在付出的同时收获了尊重和快乐，也让我们更加深入地认识了自己，更加珍视自己所拥有的一切。

读书就是读自己

Step 5

　　在这部小说中，作者简·奥斯汀通过班纳特家的女孩们，展示了当时英国社会对婚姻的重视和依赖。虽然如今看来，书中的情节可能显得有些狭隘，但其中的主题和思想仍然对我们有着重要的启示。

　　回望历史，我们常常会发现我们的观念和态度已经发生了巨大的变化。然而，当我们深入了解过去的社会背景和文化传统时，我们能够更好地理解那个时代的人们所面临的现实和选择。

　　尤其是在19世纪早期的英国，女性的生活选择权受到了极大的限制。在那时，婚姻对于年轻女性来说是唯一的选择，因为她们没有独立的经济能力，更不能离婚。婚姻成为她们生活中至关重要的抉择，它可以决定她们的人生，让她们过上幸福的生活，也可以对她们造成毁灭性的影响。

　　因此，婚姻对于班纳特家的女孩们来说不仅是一种生活选择，更是一种经济保障和社会地位的象征。她们没有其他途径来证明自己的价值和能力，只能通过嫁人来获取这些资源和机会。

　　为什么会出现这种情况？这就不得不说一个概念：限定继承。可以说，"限定继承"对我们理解这部小说至关重要，这也是班纳特家的五个女儿为什么要如此迫切地嫁人的根本原因。

限定继承是指把所有的财产继承给长子，以确保家族的财富不会分散流失，保持家族的强大和繁荣。在《傲慢与偏见》中，班纳特家的财产和地位只能由男性继承人继承，而班纳特家的女儿们则无法分享这些财富和地位。

根据这个规定，班纳特死后，其财产只能由侄子来继承。这样，他的五个女儿就没有办法维持自己的生活了，只能通过嫁给有钱人才能过上好的生活。因此，在那个年代，女性嫁得好比什么都重要的。

有些人可能会问："那她们为什么不去工作呢？"

要回答这个问题，就不得不提及她们当时所处的社会阶层了。在作品，简·奥斯汀所描写的是英国历史上的一个特定的阶层——乡绅阶级。在当时，乡绅阶级是拥有土地的，他们可以靠出租土地生活。

19世纪初的英国，有着明确的社会阶层划分，最顶层的是皇室，之后是贵族。在贵族当中，又分公侯伯子男五个爵位。而乡绅阶级是位于贵族之后的一个阶级。所以，从社会阶层的角度看，乡绅阶级是低于贵族的。

班纳特家族代表了中产阶级家庭，他们拥有一定的财富和社会地位，但并未跻身上流社会。在这个家庭中，女性成员的婚姻选择受到经济因素的明显影响。父母希望女儿们能够嫁给有足够财力的丈夫，从而提升家庭的经济状况和社会地位。这种以金钱为标准的婚姻观念，揭示了当时英国社会中普遍存在的阶层差异和性别不平等的现实。

达西家族则代表了贵族阶层，他们拥有丰厚的财富和显赫的社会地位。达西先生本人的骄傲和自负，体现了贵族阶层的优越感和傲慢态度。他的家族背景和财富使他享有极高的社会地位，也让他对中产阶级和底层社会持有偏见。然而，达西先生的傲慢与偏见在故事中逐渐被克服，这反映了当时英国社会中逐渐兴起的人人平等和反对等级制度的思潮。正如作者所说："傲慢和偏见固然可憎，但它们本身并非总是如此。我所痛恨的是它们对于那些自以为是地信守它们的人，将他们变得狭窄和可憎。"

《傲慢与偏见》是一部充满智慧和洞察力的文学作品。作者通过不同的人物形象和情节设置，展示了这些社会阶层差异，以及人们在思想观念和行为举止上的不同，从而突显主题"傲慢和偏见"。它所揭示的社会现象并不仅仅局限于19世纪早期的英国，而是普遍存在于历史和现实中的各种社会和文化中。通过班纳特家的女孩们的经历，我们看到了人类对自由、平等和尊严的追求从未停止，也让我们更加珍视当今社会中我们所拥有的权利和自由。

读过这本书后，我们会明白：其实傲慢、偏见并不可怕，它只是一种人类天生的认知误区，一种对他人观点的过度简化。我们还不能仅仅靠对人的第一印象就下定他是个怎么样的人，而要靠长久的接触才能下定论。正所谓"如果你能看得见，就别从别人嘴里认识我"，社会这么大，少一点偏见，少一点傲慢，少一点自以为是的声张正义，以宽容、谦逊和智慧去面对这个世界，那我们生存的"环境"会越来越好。

Step 6

  这部作品以日常生活的普通场景为素材，打破了当时社会上流行的感伤小说所惯用的内容和矫揉造作的写作手法，生动地呈现了18世纪末至19世纪初英国乡镇的生活状态和世态人情。它以朴实的语言和写实的手法，真实地反映了那个时代的社会风貌和人们的生活态度。

  简·奥斯汀擅长运用喜剧讽刺的手法来揭示现实社会生活的本质。她能够精准地揭示事情的真相，让读者在轻松幽默的喜剧风格中感受到深刻的艺术魅力。她的作品深受广大读者，特别是年轻女性读者的喜爱，并被视为"爱情宝典"。

  在《傲慢与偏见》中，她使用较多的一种写作手法就是讽刺，即运用夸张和幽默等方式，去揭露某个人或者某件事物的荒诞可笑，让读者读完之后能够自行得出结论。

  早在文艺复兴时期，反讽式语言就被应用在了戏剧创作中。例如，莎士比亚的《威尼斯商人》中，法庭抗礼的叙事描写采用了反讽式的语言来刻画放高利贷的犹太人夏洛克的形象。这种语言揭示了真、善、美与假、丑、恶之间的对立，营造了悲喜交加的氛围，引起了读者的强烈共鸣。

随后,在浪漫主义文学思潮的影响下,英美文学普遍运用反讽式的创作语言来揭示社会生活各阶层的问题和矛盾。这种语言形式成为一种有力的批判工具,能够深刻地揭示社会现实中的不公和不平等。通过反讽式的创作语言,作家们能够以独特的方式展现他们对社会现象的观察和思考,引起读者的深思和反思。

在《傲慢与偏见》中,简·奥斯汀巧妙地运用了这一写作手法,以夸张和幽默的方式揭示了人物或事物的荒诞和可笑之处。她并未直接批评某个人的缺点,而是通过对人物特征的刻画进行夸张处理,引导读者在阅读过程中自行得出结论。这种手法使得作品更具有吸引力和深度,让读者在享受故事情节的同时,也能够对现实社会进行反思和洞察。

比如,开篇就运用了反讽式的语言,刻画了班内特家族中女儿们的多样性格和母亲的形象。其中,她写道:"只要有钱的单身汉需要娶妻,这种姑娘肯定会成为他的首选。"这种反讽语言既揭示了班内特太太的愚蠢和虚荣,也揭示了当时社会对婚姻的看法。

在作者的笔下,班内特太太是丑角形象的代表,她生动地展现了当时乡村家庭主妇的群体形象——热衷于八卦、唠叨,常常陷入歇斯底里的情绪,智商不高、见识不多、言行粗俗,然而却懂得如何趋利避害。

除了运用反讽语言,作者还安排了一反些反讽情节,以提升讽刺的效果。比如,班内特太太最关心的事情莫过于如何将五个女儿风光地嫁出去,找到有钱的单身汉作为依靠。为此,她到处打探。当她注意到伊丽莎白和达西互动交谈时,又会陷入无限的遐想,而她自己却在舞会上展示出粗鄙、浅薄,甚至有点野蛮和癫狂的状态。

除了班内特太太，作者还刻画了一系列滑稽、可笑的人物形象对他们进行了讽刺。比如，凯瑟琳·德布夫人就是其中之一，在对其进行描写时，作者运用了大量的反讽手法。她被塑造成一个傲慢至极、粗鲁无礼的代表，然而她的干涉并没有在达西和伊丽莎白之间制造隔阂，反而让达西更加认识到自己内心对伊丽莎白的感情，消除了他所有的顾虑，催化了他们二人的感情发展。

当伊丽莎白调侃说"凯瑟琳夫人真是帮了大忙"，这句话同样运用了反讽手法。这突显了凯瑟琳夫人的滑稽和可笑的一面，使她的人物特点更加鲜明。这也在很大程度上避免了反派角色的脸谱化和同质化，同时表达了作者对这类人的轻视。

另外，在主题方面，作者也运用了反讽，以表达对当时社会现象的讽刺和批评。例如，小说中强调了女性在婚姻市场上的竞争和无奈，以及社会对女性价值的评价标准是婚姻和财产等问题，这些主题的反讽表达了对当时社会现象的批评和反思。

通过讽刺手法的运用，奥斯汀以幽默诙谐的方式揭示了人性的弱点和矛盾，以及社会习俗和道德观念的荒谬之处。她以细腻的笔触描绘了人物形象的生动性和复杂性，使得读者能够深刻感受到他们的情感和内心世界。同时，通过夸张的表现方式，奥斯汀让读者看到了人性的荒诞和可笑之处，引导读者对现实社会进行更为深入的思考和判断。

奥斯汀以其诙谐幽默的风格和深刻的人性洞察力，为读者带来了独特的阅读体验。她的作品不仅让读者捧腹大笑，更让读者在笑声中领略到人性的多样性和复杂性。同时，她通过笔下的优美温情的文字和积极向上的爱情观，表达了对人性的热爱和尊重。这种智慧与洞察力以及优美温情的文字，使得奥斯汀的作品至今依然熠熠生辉，深受读者的喜爱和追捧。她的作品如同一座灯塔，照亮了人们在人生旅程中的道路，引领人们走向更加美好的未来。

Chapter *8*

《飘》·再爱一个人,也不能忘记爱自己

所有随风而逝的都属于昨天的,所有历经风雨留下来的才是面向未来的。

Step 1

在文学的星空中，有一位独一无二的女子，她以一部长篇巨著，永久地镌刻在了美国文学的殿堂。这部以美国南北战争为背景，以斯嘉丽为主人公的作品，如同一颗璀璨的星辰，照亮了20世纪的世界文学天空。她，就是玛格丽特·米切尔，一位用笔触描绘出永恒魅力的传奇女子。

玛格丽特·米切尔，一位美国现代著名的女作家，她以唯一的作品——《飘》闻名于世。这部长篇小说不仅为她赢得了1937年的普利策文学奖，也让她在世界文学史上留下了深深的烙印。

玛格丽特·米切尔于1900年11月8日出生于美国亚特兰大市。自幼年时期开始，玛格丽特就常常聆听她父亲与朋友们讲述南北战争的历史，那些精彩而动人的回忆如同一股清泉，滋养了她的心灵，启发了她的智慧。那时，她最喜欢与同盟老兵一起出游，并且在他们的帮助下掌握了一些基本的马术技巧。

1918年，玛格丽特·米切尔进入马萨诸塞州的史密斯学院学习。1919年初，她的母亲不幸因流感去世。在这场突如其来的悲剧中，她的父亲无法应对家庭的重担，而她的哥哥也尚未能够承担起家庭的责任。因此，玛格丽特被迫中断学业，返回家中主持家务。

也是在这一年，玛格丽特结识了一名青年军官——克利福特·亨利少尉。亨利有着英俊的外表和诗人般的气质，这成为了玛格丽特心中的"艾希礼"（电影《乱世佳人》中的人物）。然而，战争夺去了这个年轻人的生命，也给玛格丽特带来了终生的痛苦。

随后，玛格丽特与母亲朋友的儿子结婚，但这段婚姻并未持续很久。她的丈夫是个酒鬼，风流成性，对她打骂凌辱。三个月后，他们离婚了。

在经历了一段不幸的婚姻后，玛格丽特遇到了婚礼上的伴郎约翰。约翰一直倾慕玛格丽特的才华，鼓励她继续写作，并在《亚特兰大新闻报》为她找了一份记者的工作。在约翰的帮助下，玛格丽特重新找到了生活的热情和活力。她爱上了约翰，而约翰也爱她。他们结婚后，搬到了亚特兰大一所三层小楼里居住。

之后，玛格丽特·米切尔陆续在各大报纸上发表了近120余篇稿件。1925年7月4日，她与约翰·马什结婚后，由于腿部负伤，不得不辞去了报社的工作。

在丈夫的鼓励下，玛格丽特开始致力于小说《飘》的创作。她曾对人说，《飘》的创作占去了她近10年的时间。在这近10年的时间里，她很少向朋友们提起她的书稿。虽然不少人都知道她在创作，但几乎无人知道她具体在写什么。

1935年春，麦克米伦出版公司的编辑哈罗德·拉瑟姆来到亚特兰大时，偶然听说了玛格丽特写书的情况。起初，玛格丽特否认她在写小说，因为她不相信，一个北方的出版商会对南方人写的有关南北战争的故事感兴趣。然而，就在拉瑟姆离开亚特兰大的前一天，玛格丽特还是送去了已经打印好的近五英尺厚的手稿。同年7月，麦克米伦公司决定出版这部小说，并暂定名《明天是新的一天》。

在完成小说初稿后，玛格丽特花费了半年的时间来核实小说所涉及的历史事件的具体时间和地点。她引用了美国诗人欧内斯特·道森的诗句，将小说名改为《随风而去》（中文译名为《飘》）。1936年6月30日，这部巨著正式出版，使玛格丽特一夜之间成为名人。

其实，早在少女时代，她便怀揣对文学的憧憬和梦想，渴望有朝一日能在文学领域中崭露头角。这部以美国南北战争为背景的小说《飘》，是玛格丽特·米切尔倾注了全部热情和才华的杰作。这部作品不仅为她赢得了普利策文学奖的殊荣，更让她在世界文学史上留下了永恒的印记。

自1936年6月问世以来，《飘》一直高居美国畅销书的前列。它被翻译成29种文字，全球销售量近3000万册，被誉为美国文学的杰作，也是文学史上最畅销的小说之一。1938年，这部小说被好莱坞搬上银幕，电影《乱世佳人》由克拉克·盖博和费雯丽主演，该影片在1939年荣获了十二届奥斯卡金像奖的8项大奖。

然而，在1949年8月11日的晚上，玛格丽特·米切尔夫妇在去看电影的路上遭遇了一场意外车祸。她因失血过多而昏迷不醒，尽管医生们竭尽全力进行抢救，但仍然无法挽回她的生命。

这位传奇女子就这样在短暂而辉煌的一生中离世了。她虽然没有子女，但却为这个世界留下了一部感人至深的小说和一部不朽的电影佳作。

《飘》不仅是一部文学作品，更是一部对人性、家庭、社会等主题进行深刻探讨的杰作。它通过生动的人物形象和真实的历史背景，展现了那个时代美国南方的风貌和人物命运。读者在欣赏故事的同时，也能够对人性有更深入的认识和思考。

读书就是读自己

  玛格丽特·米切尔的一生，充满了激情与追求——她越过生活的沟壑，并用一部《飘》照亮了文学的道路。这部作品如同一座巍峨的山峰，矗立在文学的殿堂中，被世人传颂不已。它不仅是一部文学作品，更是一面映照人性的镜子，让我们在阅读中不断反思与提升。

Step 2

　　玛格丽特·米切尔创作这部小说的初衷，是希望通过自己的笔触，勾勒出一个时代的真实面貌。她以细腻的笔触和深入人心的人物塑造，将南北战争时期的美国南方社会呈现得淋漓尽致。小说中的人物形象鲜明，个性鲜明，每个人都有自己的生活哲学和人生经历，让读者能够深刻感受到那个波诡云谲的时代。

　　《飘》是美国作家玛格丽特·米切尔创作的长篇小说，历史背景设定在19世纪的美国南北战争时期。

　　美国南北战争虽然解放了黑人奴隶，但给南方经济带来了毁灭性的打击，那些曾经养尊处优的奴隶主们的美好旧时光也随之消逝。为了生存，他们不得不放下身段，勤奋工作，否则没有其他活路。甚至连亚特兰大上流社会的精英阶层也不得不沦为售卖蛋糕的小贩。

　　19世纪是女权主义文学的开端，这一文学流派在20世纪得到了蓬勃发展。女权主义的迅速发展与当时的社会环境和时代背景密不可分。19世纪30年代，随着法国大革命倡导的自由、平等、博爱和自然权利的思想在全球范围内的传播，女性也开始争取自身的政治、经济和教育平等权利。在这样的历史背景下，《飘》正式问世。

这部取材于美国南北战争和战后重建的小说，书名直译应为"随风而逝"，它引自英国诗人思斯特·道生的诗句，又取义于小说第24章的一段概括性描写，出自书中女主人公斯嘉丽之口，大意是说那场战争如同飓风一般席卷了她的"整个世界"，她家的农场也"飘逝"了。斯嘉丽以这一短语抒发了南方农场主的思想感情，作者用来作为书名，也表明了她对南北战争的观点，这与本书的内容是完全一致的。

由此可见，书名蕴藏着两层含意：呼啸的飓风，指的是南北战争；那被飘去的云朵，指的是农奴制的安逸生活。在由《飘》改编的电影《乱世佳人》中，斯嘉丽有一段经典台词，很能说明电影的鲜明观点："上帝啊，请为我作证，我将努力克服困难和挑战，实现我的目标。我要坚定信念，坚持追求自己的梦想。无论面临什么困难，我都要勇敢地面对并克服它。我将竭尽全力改变自己的命运，让我的家人不再忍饥挨饿。"

我们知道，南北战争是美国历史上唯一的一次内战，而黑奴问题是战争的一个重要导火索之一。然而，深入了解历史后，我们发现，黑奴问题并不是战争的唯一起因或目的，而只是其中的一个因素。林肯曾经说，《汤姆叔叔的小屋》的作者斯托夫人是引发解放黑奴革命的小妇人，但是在这本小说中也有不少白人奴隶主善待黑奴的例子。

所以，我们应该以更全面的视角来看待历史事件，不要将其简化为单一的因素。《飘》这部小说，或许为我们提供了一个新的审视这场战争的视角——玛格丽特虽然在其生前未曾公开支持奴隶制，但是在她的作品《飘》中，却流露出对昔日庄园主生活的深深向往，同时也表现出对北方的强烈不满。在她的笔下，塔拉庄园描绘成一个充满和谐与温情的地方，其中斯嘉丽的母亲艾伦为黑奴看病、接生，与奴隶们和睦相处，共享欢乐。许多黑奴也从内心深处忠诚于他们的主人。艾伦的陪嫁黑奴嬷嬷在斯嘉丽全家人的心中享有崇高的地位，受到他们的尊敬和爱戴。甚至斯嘉丽本人也将嬷嬷视为长辈，心甘情愿地听从她的教诲。

与此同时，我们也惊奇地发现，许多南部的黑奴与白人们一样痛恨"北佬"。在第38章中，皮蒂的黑奴彼得告诉斯嘉丽："不，小姐！他们并没有解放我。我也不想让那些废物来解放我，我仍然属于皮蒂小姐。如果有一天我死了，她也会把我埋在汉密尔顿家的坟地里，因为我是属于这里的。"

在书中，米切尔通过对南部种植园主和奴隶制度的描绘，展现了一个时代的变迁和人性的复杂性。书中有一段描述："一切都在变，变得不再认识；但一切又都还在，只是没有办法继续生存。"这句话不但引起了南方人对战争的悲痛回忆，也揭示了战争给人们带来的无奈与悲哀。

《飘》的出版背景深深地根植于美国南北战争和战后重建的历史时期。在读这部小说时，通过女主人公的视角，读者可深入体会美国南方种植园兴盛衰亡的历史，品味当时美国南方的历史风貌和人物形象。从这个意义上说，它是一部具有重要历史和文化价值的文学作品。

Step 3

《飘》被誉为南北战争时期的爱情史诗,以南北战争及其后果为背景,以主人公斯嘉丽·奥哈拉的爱情故事为主线,在生动地描绘其一段跨越战火与时代变迁的爱情故事的同时,也展示了战争给南方带来的灾难和变革,为读者提供了一个了解美国历史和文化的重要视角。

《飘》的故事背景设定在乔治亚州的亚特兰大及附近的一个种植园,生动地描绘了内战前后美国南方人的生活图景。其中刻画了许多那个时代的南方人物形象,其中最为突出的是斯嘉丽、瑞德、艾希礼和梅兰妮等。他们的习俗礼仪、言行举止、精神观念和政治态度,都生动地展现了出来。

女主角斯嘉丽是这部小说的灵魂人物,她原本是一个娇生惯养的庄园小姐,经过战争的洗礼,她最终蜕变为一个坚强的、自食其力的女商人,其性格具有自私、贪婪、坚定、敢爱敢恨等多重特点,是美国小说中最丰富、最饱满、最经典的女性形象之一。小说中那段"倾城之恋"也成为美国小说史上最具浪漫传奇色彩的爱情故事。

在小说中,玛格丽特·米切尔通过斯嘉丽这一形象,以斯嘉丽

16～28岁的成长历程为切入点,对内战的三个阶段——战前、战时及战后,以及她与家人、爱人、朋友之间的人际关系和面对的艰难困苦进行了详细的描述。小说充分展现了对女权思想的多元理解,并突显了女性意识及其觉醒。

作为女性,玛格丽特·米切尔在回顾这一段历史时,以细腻的笔触流露出对女性命运的关切和对女性追求自主权的赞赏。比如,她在小说的开头这样写道:

"斯嘉丽小姐的容貌并不出众,但她的魅力却无法抗拒,让每个与她相遇的男人都为之倾倒,如同汤家那一对双胞胎兄弟一样。这种魅力源自于她脸庞上鲜明的两种特质:一种是源自母亲的娇媚温柔,一种是源自父亲的直爽豪迈。她的母亲是一位拥有法兰西血统的海滨贵族,父亲则是一位深色皮肤的爱尔兰人,因此遗传给她的特质难免有些不协调,却也因此而形成了她独特的魅力。"

斯嘉丽的父亲杰拉尔德是爱尔兰后裔,为了逃避迫害而来到美国。他通过赌博赢得了位于南方佐治亚州的一个破败的棉花种植园——塔拉庄园,并在此建立了一个家庭。

斯嘉丽是家中长女,相貌端庄并接受了良好的家庭教育。母亲的家庭道德观和父亲的自信、叛逆、冒险、率真、坚强和脾气暴躁特质都在她身上得到体现。

在当时的美国,男权主义主导社会,女性的地位处于附属地位,需要表现得温柔、服从男人安排、不具备独立见解。为了顺应当时的社会主流思想,斯嘉丽被教导成为一个听话的淑女。母亲埃伦和嬷嬷教导她必须温柔、亲切、文静,并强调男人说话时不能插嘴,哪怕她确实比男人知道得多。尽管她尽力表现得像一个南方淑女,但她的爱尔兰父亲遗传给她的叛逆性格仍然会不时显现出来,为她后来的人生埋下伏笔。

南北战争前夕，有一次，16岁的斯嘉丽参加了在佐治亚州的"十二橡树"庄园举行的的宴会。在宴会上，她穿着绿裙子，自信又迷人。尽管初遇瑞德时彼此印象不佳，但瑞德对斯嘉丽一见钟情。斯嘉丽心里只有她求而不得的初恋艾希礼，但艾希礼选择了梅兰妮。斯嘉丽被拒绝后，决定嫁给梅兰妮的哥哥，一位名叫查尔斯的军人。不久，查尔斯就在军营里得了麻疹，失去了生命。

在亚特兰大，斯嘉丽作为孀妇参与医院义工工作，并勇敢参与义卖会和舞会。在义卖舞会上，她再次遇见瑞德。虽然她因孀居不满一年而不能跳舞，但瑞德不顾他人眼光，邀请她跳舞，使她成为全场焦点。斯嘉丽打破世俗与传统的行为受到周边人的轻视与责备，但她并不在意别人的眼光及看法，敢于表达自身思想、情感，挑战世俗和传统。正如她所说："我再也忍受不了这样无休止地勉强自己，永远不能凭自己高兴做事。"

亚特兰大被北方军队占领的当晚，斯嘉丽逃回了塔拉庄园。此时，庄园已经衰败不堪，母亲埃伦死于疾病，父亲精神失常，妹妹感染了伤寒，奄奄一息。面对沉重打击，斯嘉丽几乎精神崩溃。但她没有哭，她必须要适应这个已经改变了的世界。虽然战争剥夺了她的快乐和自由，但也促使她成长。她不再是所谓的"千金小姐"，而是能够信任和依靠的人。她努力工作，赚钱，保护家园。

战后，斯嘉丽的家庭出现困难，她无力缴纳塔拉庄园的300美元税金，于是向瑞德求助，但结果让她失望。为了保住塔拉庄园，她决定嫁给弗兰克·巴特勒。婚后，斯嘉丽变得更加勇敢和独立，她购买了一家锯木厂并运营木材生意，这违反了当时社会对女性的定位，引起了许多非议。但她不在乎周围的目光，采取各种营销方式,生意越做越大。她的家庭成员和亲戚的生活质量因此得到了提升,她也在经济上变得独立,不再完全依赖男性。她清楚,无论现实多么糟糕,明天总会有希望,就像小说的落幕之笔那样:"明天,我想一定有法子可以把他拉回来。无论如何,明天总已换了一天了。"

在小说中,斯嘉丽从传统的南方淑女转变为自力更生的商人,正是南方社会从安逸的乐土演变为困厄的废墟,然后经历社会和文化变迁,顽强生存下来的一个缩影。这也预示着新旧南方将融为一体——恰如小说的标题《Gone with the wind》(《飘》曾译名《随风而逝》)一样,只有适应文化变迁,改变自己,才能生存下来。

《飘》不仅是一部描绘个人成长和命运变迁的小说,更是一部展现历史风貌和社会变迁的鸿篇巨著。小说中,斯嘉丽的形象不断发生变化,从一位无忧无虑的南方贵族小姐,逐渐转变为一位坚忍不拔、勇往直前的女强人。她经历了战争的洗礼,从财富的拥有者沦为贫困的劳动者,但她从未放弃。她的一生,犹如一部高潮迭起的史诗,书写着她的激荡与自由。她的人生旅程充满了颠覆与追逐,展现出一种对既定社会规则的挑战与反抗。她的故事让我们看到了一个女性在男权社会中挣扎和成长的历程,同时,也引发我们对人性的复杂性、现实的残酷性的思考。

读书就是读自己

Step 4

《飘》是一部融合了浪漫主义色彩和历史感的长篇小说,在题材方面具有很高的艺术价值。作者用丰富的历史细节、精彩的情节和深刻的主题构筑了一部宏大的历史画卷。她借助南北战争这一历史背景,深入揭示了爱情、战争、独立意识三大主题。

《飘》的英文原名是《Gone with the wind》,直译为"随风而逝"。这个书名蕴含着深沉的情感和寓意。在战争的硝烟中,斯嘉丽失去了往昔的一切,包括她深爱的人、安逸的贵族生活、曾经宁静祥和的塔拉庄园、十二棵橡树庄园,甚至那片属于骑士和棉花田的南方大地。随风而逝的不仅仅是那些人和事,更是她内心深处那份对美好往昔的眷恋和怀念。

作为一部举世闻名的文学杰作,它以广阔的历史画卷、鲜活的人物形象和深刻的主题,向我们展现了时代变迁的风云。正如书中所述:"风,只是风,无论多么狂暴,它终会平息。"在书中,我们可以看到,斯嘉丽在时代大潮中的人生轨迹,她的命运像风一样变幻莫测,一会儿飘向高峰,一会儿又跌入低谷。然而,她始终坚忍不拔,顽强地面对生活的挑战。

小说通过描述斯嘉丽的人生经历,展示了爱情、战争、独立意识等主题，让读者从中领略到人生的酸甜苦辣和人性的深邃复杂。

首先，我们来看关于战争的主题。

很多人在读《飘》之前，首先想到的是：绽放在乱世中的爱情之花。其实，这并不是一部纯粹的爱情小说。在玛格丽特·米切尔的笔下，她把爱情写得更为深刻，也就是说，《飘》所要表达的主题远不止爱情，还有战争。这也使其成一部具有深刻历史内涵和丰富文化底蕴的小说的重要原因。

《飘》以其细腻的笔触，为我们描绘了一个时代的悲壮与伟大。它展示了南北战争前后南方社会的沉痛挣扎。

在这部小说中，虽然未正面描写战争，却通过主人公斯嘉丽的生活经历和感情纠葛，人们在战争中的选择与无奈，以及庄园、种植园和城市的破败，让我们深刻感受到战争对一个社会的摧残。比如，书中有这样一段描述："战争改变了一切，改变了人们的生活、习惯、价值观，甚至改变了地球的表面。"战争的洪流冲刷着这片土地，留下一片荒凉，这不仅表现了战争的残酷，更让我们思考了战争背后的伦理与道义。

玛格丽特·米切尔通过斯嘉丽等人物的形象，展现了战争对女性的影响，以及她们在困境中的坚强与勇敢。她们不仅要面对失去家园和亲人的痛苦，还要承担起家庭的重担，甚至在战火中求生存。

同时，小说中也探讨了战争对社会伦理和道德的冲击。人们在战争中的行为常常受到环境的影响和道德底线的挑战。斯嘉丽等人物在战争中的选择，让我们看到了人在极端环境下的无奈和挣扎。

《飘》不仅是一部描写爱情的小说，还是一部反映时代背景和战争影响的社会伦理剧。它让我们思考了战争背后的伦理与道义，也让我们更加珍惜当下的和平与幸福。这部小说所展现的悲壮与伟大，将永远铭刻在读者的心中。

其次，我们来探讨一下小说中的爱情主题。

在大的战争背景下，爱情、独立意识等主题贯穿始终，是故事的核心。斯嘉丽的生活和行为，无论是在战争前的大庄园时代，还是在战争后的重建时期，都与这二个主题紧密相连。

在小说中，斯嘉丽的爱情观念显得复杂而矛盾。

下面，我们来简单梳理嘉丽斯的感情史：

嘉丽斯与艾希礼从小就认识，彼此心心相印，结果，艾希礼娶了梅兰妮，这让嘉丽斯痛苦万分。为了赌气，她嫁给了自己并不喜欢的查尔斯，不久，查尔斯病死于军营，她成了寡妇。后来，为了保住塔拉庄园，她不顾流言蜚语，嫁给了妹妹的未婚夫弗兰克，但这段婚姻并没有给她带来幸福。另外，嘉丽斯与瑞德之间的感情纠葛，是书中最为精彩的篇章之一。瑞德对嘉丽斯一见钟情，但他的求婚遭到了拒绝。

《飘》所反映的爱情主题涵盖了执着追求、互补理解、金钱地位的考虑、人性的复杂性和爱情的脆弱性等多个方面，这些主题都为读者提供了深入思考的空间。

最后，我们要能看到作者所要表达的关于女性独立意识的主题。

《飘》展现了强烈的女性意识，主要体现在女主角斯嘉丽身上。比如，她说："总有一天，我想干什么就干什么，想说什么就说什么。"又如，"我要活下去，我不会再挨饿。"从她的这些话语中，我们能看出她对传统对女性的压制有着叛逆的精神，对经济独立有着自己的追求。

当战争摧毁了她曾经热爱的塔拉庄园，她没有选择等待死亡，而是勇敢地面对命运。无论发生什么，她都坚定地相信：我要活下去，不会再挨饿！在梅兰妮即将生产的关键时刻，她挺身而出，勇敢地为她接生。为了生存，她愿意做最劳累的苦力活儿。当自己的生存受到威胁时，她毅然决然地嫁给了妹妹的未婚夫，并把生意做得红红火火。面对战争带来的巨变，斯嘉丽能够顺应时势，做出正确的抉择。这充分体现了斯嘉丽的女性独立意识。

当然了，斯嘉丽也有爱慕虚荣和自私自利的一面，她为了追求自己想要的东西，可以孤注一掷。尽管如此，她的独立精神和坚忍不拔的品质使她成为一个令人敬佩的女性角色。

作为小说的核心人物，斯嘉丽·奥哈拉的成长和转变，不仅代表了女性在战争中的觉醒和成长，也反映了当时社会对性别角色的重新定义和认知。同时，也表达了作者对未来充满希望，不放弃的思想感情。

《飘》这部作品以战争、爱情与独立意识为主题，充分展示了人类情感的复杂性和矛盾性。它引导我们深入思考什么是真正的爱情，什么是真正的幸福。同时，这部小说也如一面明镜，映射出我们自身被欲望驱使的情景，警示我们要珍惜眼前的幸福和美好。

读书就是读自己

Step 5

《飘》作为一部经典文学巨著，至今仍然是一个不可逾越的文学高峰。其独特的结构、叙事手法、丰富的历史背景描绘、细腻的心理刻画，以及饱满的人物形象塑造，使得这本书成为了一部让人难以忘怀的杰作。每一次阅读，都能感受到它所蕴含的深刻内涵和无限魅力，一本值得珍藏并细细品味的好书。

在文学的殿堂中，玛格丽特·米切尔的《飘》以其精湛的写作手法，如同一幅壮丽的画卷，展现了美国南北战争时期的社会风貌。她巧妙地运用了细腻的心理描写、充满张力的对话、生动的场景描绘以及丰富的人物塑造，使得这部作品成为了永恒的经典。让我们一起领略《飘》的写作魅力，感受那个时代的风情与历史的厚重。

一是采用双线结构，增加故事的层次感。

一方面，在时间上将历史背景分为南北战争前后两个时期。

上半部分，也就是南北战争之前的内容，详细记叙了嘉丽斯的成长经历，以及她与阿希礼、瑞德之间的复杂感情纠葛。这个阶段，我们可以看到斯嘉丽从一个天真无邪的少女，逐渐成长为社交圈的明星，充满对未来的憧憬和期待。然而，战争的爆发彻底改变了嘉丽斯的生活。

下半部分，作者将焦点转向了南北战争后期的故事。这个阶段展现了斯嘉丽如何与各种困难和挫折斗争，包括失去家园、被迫与亲人分离、为了生存而挣扎等。在这个过程中，她的性格发生了巨大的变化，她变得坚强、果断，为了保护自己和家人，她不惜使用任何手段。

另一方面，玛格丽特·米切尔还巧妙地运用了回忆与现实相结合的双线结构。

这种手法不仅使得故事更加丰富多彩，还为读者提供了一个深入了解斯嘉丽内心世界的机会。通过插入斯嘉丽的回忆段落，我们得以一窥她的成长经历和心路历程。这些回忆段落不仅揭示了斯嘉丽与艾希礼·巴特勒之间的感情纠葛，还展示了她在战争中的成长和蜕变。同时，也为故事的发展增添了悬念和紧张感，使得读者对斯嘉丽的命运产生了更多的关心和期待。

当然了，这种结构还有一个重要的作用，即呼应《飘》的深层主题——对过去的回忆与反思，以及对未来的希望与期待。

二是采用双重叙述，让故事更真实立体。

双重叙述，是指小说或叙事文本中存在两个或两个以上的叙述者或叙述声音。这些叙述者或声音可能相互独立也可能相互交织，共同构建一个复杂的故事世界。双重叙述的目的是为了从不同的角度、不同的时间线、不同的观察者那里呈现故事，从而增加故事的深度和广度。

《飘》通过双重叙事的方式，展现了不同人物的视角和思想。除了斯嘉丽的视角外，读者还可以感受到梅兰妮、艾希礼等其他角色的情感和思考，即第一人称和第三人称交替出现，将主角斯嘉丽的内心世界和外在行为描绘得淋漓尽致。这样的叙事方式丰富了小说的内涵，使情节更紧凑，同时，使得读者可以更好地理解每个人物的动机和行为，并获得丰富的阅读体验。

三是运用了对照，让人物形象更饱满。

《飘》虽然涉及的人物数量不多，历史跨度也并不长，但它的格局宏大，思想深刻。通览全书，会发现作者运用了一个重要的写作手法——对照。

"对照"即对比映照，它犹如一面明镜，将南北战争前后、美国南方各阶级民众的生存状态和精神面貌映射出来。战争的动荡与战后的混乱，曾经安详宁静的老南方生活与现在炮火连天的现实，两相对照，形成鲜明的对比。

作者站在南方的立场上批判战争，作品中流露出对战争结果的不满，也呈现出对过去安详宁静生活的怀念。通过对照的手法，这种遗憾与惋惜之情被放大，更加昭然若揭。而最令人印象深刻的当属不同人物之间的对照。

特别是斯嘉丽和梅兰妮，瑞德和艾希礼，以及斯嘉丽夫妇和梅兰妮夫妇等。初看之下，斯嘉丽任性叛逆，梅兰妮温柔娴淑；斯嘉丽狭隘自私，梅兰妮宽容博爱。二者刚柔相济，表面上看似乎毫无争议。

然而，事实却远非表面所看到的那么简单。随着时间的推移、战事的变化，斯嘉丽和梅兰妮两人的性格和思想观念都在潜移默化地发生着变化。这种变化与对照不仅增强了人物形象的立体感，也深化了作品的主题和思想内涵。

四是侧重心理刻画，让情感表达更细腻。

作者巧妙地运用了细腻的情感描写，使得人物形象更加立体和生动。她对斯嘉丽的坚韧与勇敢，以及对艾希礼的忠诚与矛盾，都进行了深入的描绘，让读者能够更好地理解和感受这些角色的内心世界。

在描写斯嘉丽时，作者注重对她的心理活动进行刻画，通过大量的内心独白和情感剖析，让读者更深入地了解她的情感世界和思想变化。例如，在战争期间，斯嘉丽面临种种困难和挫折，但她始终保持着坚韧和勇气，这种精神状态被作者描绘得淋漓尽致。

同时，作者也通过对艾希礼的忠诚和矛盾的描写，展现了他人格的复杂性和立体性。艾希礼是一个充满内心矛盾的角色，他对于南方旧制度的怀念和对新制度的矛盾心理交织在一起，这种情感状态被作者描绘得十分细腻入微。

正是由于作者在《飘》中运用了这些细腻入微的心理描写，才使得角色形象更加真实、立体和生动。这些描写也帮助读者更好地理解人物性格和行为背后的原因，从而产生共鸣和情感共鸣。这也是《飘》成为一部经典之作的重要原因之一。

五是文字优美独特，极大提升阅读体验。

玛格丽特·米切尔的文字独特而优美，充满诗意，如同旋律般优美流畅，充满音乐性和节奏感，让读者在阅读时能够感受到一种独特的语言魅力。

在文中，作者运用了各种修辞手法，如比喻、象征、拟人等，使得整个小说更加生动有趣。比如在描写斯嘉丽时，运用了大量的比喻手法，将她比喻为花、鸟、风等自然元素，这些比喻不仅使得人物形象更加生动，也揭示了斯嘉丽的内心世界和情感变化。

同时，玛格丽特·米切尔的文字也具有深刻的思想内涵。她在小说中通过人物形象的塑造和情节的展开，展现了人性的复杂性和矛盾性。她用文字揭示了人们的内心世界和情感冲突，让读者在阅读过程中不断思考和领悟。

《飘》通过双线结构、回忆与现实的交织、多角度叙事、对照手法和情感描写等技巧的运用，成功地展现了斯嘉丽的成长与抗争以及作者的叙述才华。同时，这些手法的运用使得小说更加丰富多彩、引人入胜。

多种写作技巧的运用，不仅丰富了小说的表现手法，也使得读者能够从多个角度理解故事和人物形象。特别是细腻的心理描写和生动形象的语言表达，让读者深入感受到斯嘉丽等角色的内心世界和情感变化——在感受斯嘉丽坚强与抗争精神的同时，读者也可以从中看到自己的影子，从而产生更广泛的共鸣和情感共鸣。这种共鸣和情感共鸣不仅局限于小说本身，更可以延伸到现实生活中，激励读者珍惜当下、善待自己，用阳光的心态去面对生活的每一个挑战。

Step 6

　　《飘》不仅在文学界取得了巨大成功，还被改编成了广受欢迎的电影《乱世佳人》，赢得了多项奥斯卡奖，被视为电影史上最伟大的影片之一。但就是这么一部获得了广大读者的认可、青睐的小说，却一度引起了争议，甚至成为"问题小说"。

　　如今，《飘》已经成为一部举世公认的文化经典，被广大的读者热爱、研究和传承。它不仅详尽地描绘了南方奴隶制瓦解的历史进程，同时也细腻地展现了南方种植园主家庭生活的方方面面，因此具有极高的历史价值，为研究美国内战时期的社会变革提供了珍贵的素材。作为一部历史小说，其历史价值堪称无可替代。

　　书中的斯嘉丽，这个充满生命力、坚韧而又矛盾的角色，以及她那充满传奇色彩的故事，已经深深地烙印在文学和电影的发展历史中。她的人物形象和故事情节成为了无数人研究和探讨的对象。

　　在《飘》尚未正式出版之前，这部作品就引起了美国众多媒体的关注和重视。当时，一份知名的周刊连续刊登了宣传广告，以推广《飘》。在广告中，他们明确表示，《飘》是玛格丽特·米切尔的真实人生写照，这种评价恰恰符合了玛格丽特·米切尔的心意。

《飘》出版后，被广大读者追捧，成为了当时的畅销作品。与在市场上的热销形成鲜明对比的是，《飘》在美国学术界曾备受冷落。例如，美国文坛一直试图贬低《飘》的文学价值，认为它只是一部畅销的通俗小说。在重要的美国文学作品年表中，《飘》和其作者的名字几乎找不到。甚至有一段时间，它被列为了禁书，被美国文坛所忽视。

当时，一些美国学术界人士认为，《飘》的创作立场是"反动的""倒退的"。1974年出版的《美国百科全书》在介绍这部作品后评论道："……把南方人（指奴隶主）描绘得高尚且坚定不移，将北方人刻画成恶毒而虚伪的人。奴隶制被粉饰成一种慈祥的制度，而黑人要么极度忠诚于他们的主人，要么就被描述成野蛮且充满野性。这本书是对旧南方的赞美之歌，它视那个时代为一个充满高度美感、秩序和优雅文化的黄金时期……"

在美国，历史教科书对"南北战争"早已定了性：为了黑人奴隶的自由而战的北方是正义的，代表着奴隶主的南方是非正义的。战争的起因也被归结为南方试图分裂国家，建立一个"邦联制"的国家，即南方有分裂行为。

在这部作品中，北方军被描绘成缺乏文化、丑陋恶毒、残忍的形象。读完《飘》后，人们会发现北方军毫无例外地被刻画得如此糟糕，而南方军则被赋予了绅士的形象，展现出坚忍不拔的性格和对家乡的献身精神。

1974版的《英国百科全书（十卷本）》也认为《飘》是"关于美国内战和重建时期的小说，它是从南方的视角出发的"。

20世纪70年代，小说《飘》和它的电影版《乱世佳人》在中国文艺界引起了一些争议。有人说这部作品是在为奴隶制辩护，美化奴隶主，而不是以客观公正的态度对待历史。有人认为，《飘》的作者对南部庄园生活有着特别的钟爱，她对被历史定罪的美国南方蓄奴制社会着迷，对已经逝去的南方社会的光荣与权力心生向往。

当然，也有很多人持不同观点。他们认为，《飘》并不是在美化奴隶制或为奴隶主翻案。这部作品通过对斯嘉丽·奥哈拉等人物的生动刻画，展现了人性的复杂性和历史的多元性。此外，小说中对南方种植园主家庭生活的描述，也被认为是对历史和文化的珍贵记录。

1980年1月29日，解放日报发表了一篇评论文章，该文章并没有反对小说的出版，只是指出了一些关于立场的问题，"把那些实行种族歧视的奴隶主当作英雄来描写"，"比起《汤姆叔叔的小屋》是一个反动，一个倒退"，文章的作者指出，这本小说"在艺术性上还有可有之处"，认为它一不值得大力推荐，二是在出版前应该有一个比较详细的前言说明，详细指出其精华与糟粕所在。这个批评还是比较中肯的，并没有扣帽子，给出的建议更是合情合理。

在国内外，虽然关于《飘》的争论从未间断过，但这丝毫没有影响它在全球读者心中的地位。从艺术成就的角度看，《飘》无疑是成功的。自问世以来，它一直深受读者喜爱。所以，有人评价说，《飘》既是"流行的"，也是"经典的"。

作者玛格丽特·米切尔以其独特的文学才华，将一个庞大的历史背景和个人命运紧密地结合在一起，使得这部小说具有了极高的艺术成就，并对一代代读者产生了深远的影响。

无论你是文学爱好者还是普通读者，通过阅读这部小说，我们可以了解到那个时代美国的社会风貌，以及人们在战争中所经历的

读书就是读自己

种种苦难。同时,我们还可以从中汲取勇气和力量,激励自己在生活的舞台上勇敢地演绎自己的人生,创造属于自己的精彩篇章。

Chapter 9

《假如给我三天光明》·透过"灵魂之窗",看尽世间美好

人的真正的使命是生活,而不是单纯地活着。

《假如给我三天光明》·透过"灵魂之窗",看尽世间美好

Step 1

海伦·凯勒,一位19世纪出生的伟大女性,在她的一生中经历了无数的挑战与坎坷。从出生起,她便被命运赋予了19个月的光明和声音,然而,在这之后,她便陷入了一个无声、无光的世界。在这88个春秋中,她从未向命运低头,从未放弃对生活的热爱与追求。如今,让我们重新领略这位伟大女性如何在逆境中绽放出耀眼的光芒,成为世人传颂的传奇。

著名作家马克·吐温曾经说:"19世纪有两个奇人,一个是拿破伦,一个是海伦·凯勒。"1964年,她荣获"总统自由勋章",1965年,入选美国《时代周刊》评选的"二十世纪美国十大偶像"。

海伦·凯勒(Helen Keller,1880年6月27日—1968年6月1日),一位深受人们敬仰的作家、教育家、慈善家和社会活动家。她还是世界上第一个获得学士学位的聋盲人。

在88年的生命历程中,她熬过了87年无光、无声的孤绝岁月,最终以其独特的魅力和非凡的成就,赢得了世人的赞誉和敬仰。她的生命历程犹如一部感人至深的史诗。

海伦·凯勒出生于美国阿拉巴马州塔斯库比亚县的一个小镇。在她19个月的时候失去了视力和听力。在一片无尽的黑暗和沉寂

中，海伦·凯勒度过了她的童年和少年时期。然而，就在她7岁那一年，命运之神向她张开了温暖的双臂。一个名叫安妮·莎莉文的老师走进了她的生活，宛如一束明亮的光，照亮了她黑暗的世界。

在安妮的悉心指导下，海伦用手指触摸字母，以一种独特的方式打开了通向语言的大门。她逐渐掌握了英语、法语、德语、拉丁语和希腊语等五种语言，像是在黑暗中盛开的五朵绚丽之花。她学会了阅读盲文书籍，那些文字就像是一扇扇通往外部世界的窗户，让她开始对世界产生了浓厚的兴趣。

海伦·凯勒说："知识给人以爱，给人以光，给人以智慧。应该说知识就是幸福，因为有了知识，就是摸到了人类有史以来活动的脉搏，否则就是不懂人类生命的音乐。"正是知识，让海伦·凯勒创造了一个又一个的人间奇迹。

在安妮·莎莉文的帮助下，海伦·凯勒得以进入波士顿盲人学校学习。这所学校成为她新生活的启航点，在那里，她不仅掌握了基本的读写算术，更是在艺术的熏陶中发现了自我。她的毅力与聪明才智在学习的过程中展现得淋漓尽致，激发了无数人对生活的热爱与坚持。她的故事传遍了美国的大地，成为了残疾人士的典范与骄傲。

海伦和家人于1900年迁至纽约市，继续追寻着知识之路。1904年，她以优异的成绩从拉德克利夫学院毕业，成为世界上第一个获得学士学位的聋盲人。毕业后，海伦·凯勒投身于为残疾人争取权益的事业中。她创建了许多慈善机构，致力于为残疾人提供教育机会和就业机会。她的努力为无数人带来了希望与改变，让人们看到了一个充满爱与关怀的社会。

同时，海伦·凯勒还成为了一位备受尊敬的演讲家。她的演讲为无数人带来了心灵的触动与启发，激发了人们对生活的热爱与追求。她走遍美国和世界各地，为盲人学校募集资金，把自己的一生献给了盲人福利和教育事业，是影响世界的伟大女性之一。她赢得了世界各国人民的赞扬，并得到许多国家政府的嘉奖。

海伦·凯勒先后完成了14本著作。这些作品如同灵魂的旋律，响彻人心。其中，《假如给我三天光明》《我的生活故事》和《石墙故事》被誉为其代表作，蕴含着深沉而热烈的情感，让人在阅读中领略到她的勇敢与坚韧。

《假如给我三天光明》是海伦·凯勒的自传体杰作，被公认为"文学史上无与伦比的经典"。这部自传作品展现了海伦·凯勒身残志坚的勇敢形象，她以细腻的笔触描绘了自己如何克服身体障碍，努力学习知识，展现出了惊人的毅力和聪明才智。同时，她也通过自己的经历，向世人传递了珍惜生命、珍视光明的信息，强调了人性的伟大和生命的可贵。

《假如给我三天光明》是一部充满感人故事和深刻人生哲理的作品。它充满了对生命的热爱和对人类精神价值的追求。海伦·凯勒的故事激励着无数人勇敢面对生活中的挑战与困难，珍惜生命中的每一个瞬间。它让我们看到了一个坚强、勇敢、乐观的女性形象，也让我们认识到了生命的可贵和人性的伟大。

这部作品不仅是海伦·凯勒一生的缩影，也是人类精神的瑰宝，值得我们每一个人去阅读、品味和传承。我们可以将她的文字视为一面镜子，来反思自己的生活态度，激发我们去追求知识、关爱他人，并展现出积极向上的生活态度——不管条件多差，只要生命和思想还在，我们就会创造属于自己的奇迹！

Step 2

  《假如给我三天光明》被誉为"世界文学史上无与伦比的杰作"。它以自传体散文的形式，生动而深刻地描绘了作者从健康活泼的小女孩，因一场急病而在19个月大时变为盲聋哑人的经历。书中的前半部分，主要写了海伦在变成盲聋哑人后的生活，以及她的情绪变化。后半部分则详细介绍了海伦的求学生涯，展现了她的聪明才智和不屈不挠的精神。这部作品不仅记录了一位聋盲女性丰富、生动而伟大的一生，也给读者带来了深深的感悟和启示。

  《假如给我三天光明》是一部令人感动的自传体作品，海伦·凯勒在其中生动地描述了自己从童年时期的黑暗与孤独，到成为盲聋哑人的生活经历，以及她对光明的渴望和追求。通过这部作品，我们更深入地探讨海伦·凯勒的成长经历和对生活的热爱，以及她在《假如给我三天光明》中所表达的深刻哲理。

  《假如给我三天光明》前半部分主要写了海伦变成盲聋哑人后的生活，让我们深刻感受到她对光明的渴望。刚开始的海伦对于生活是失望的，用消极的思想去面对生活，情绪非常的暴躁，常常发脾气，乱扔东西。甚至在某些时刻，她可能无法像正常中人那样去感受现实中的爱。

在她父母的寻求下，帮海伦找到了一位老师——莎莉文老师，这位老师成为海伦新生活的引导者，使海伦对生活重新充满了希望，充满了激情，并且开始通过触觉、嗅觉和味觉，努力感知周围的世界，用独特的方式体验生活的美好。

后半部分的内容以其求学生涯为主线。她在莎莉文老师耐心的指导下，学会了阅读、认识了许多的字，并从中体会到了爱的力量。后来，她在老师和亲人的陪同下，体验到了许多不同的事物，比如：过圣诞节、拥抱海洋、体会秋季和冬天的气息。

在求学生涯中，海伦遇到了许多困难，但她凭借着不屈不挠的精神，学会了说话、写作。其间，她虽然遇到了一些挫折，但她从未放弃。她的努力得到了回报，她成功实现了自己的大学梦想，进入了哈佛大学。在大学生活中，由于生理上的缺陷，她的功课压力繁重，但在老师的帮助和她自己的努力下，她以优异的成绩毕业，并掌握了英语、法语、德语、拉丁语和希腊语五种语言，开启了文字世界的大门。

在波士顿盲人学校和哈佛大学的深造过程中，她不仅取得了优异的成绩，还为残疾人争取权益发起了勇敢的斗争。她的坚韧和毅力为世人所赞叹，她的成就令人敬佩。

然而，大学毕业后，海伦遭遇了悲伤的事情，比如慈母的去世。但她依然坚强地面对生活，积极向上。

她后来还介绍了在生活中遇到的一些伟人，比如：爱迪生、马克·吐温等，并从他们身上汲取力量。同时，她还介绍了她体验到的不同丰富多彩的生活以及她的慈善活动等。

在她的文字中，我们看到了一个坚强、勇敢、乐观的女性形象，也看到了生命的可贵和人性的伟大。她的经历提醒我们珍惜生命中的每一天，勇敢地面对生活中的挑战与困难。同时，她的故事也鼓励我们用心去感受生活的美好，用勇气去追求自己的梦想。

整部作品中，最能触动人心的，无疑是她"假如给我三天光明"的设想。海伦希望拥有三天的时间来看世界，来感受生活的美好：

第一天，她希望能够看到那些善良、温柔、友好的人们，是他们让她的生命变得有意义。她想深深地凝视安妮·莎莉文老师的脸庞，感受那份无尽的温柔和耐心。

第二天，她计划在黎明的曙光中苏醒，亲眼目睹那激动人心的时刻，当日夜交替，星空渐渐淡去，白天慢慢到来。她将怀着敬畏之心，观察那变幻莫测的光线和色彩。她想要参观自然历史博物馆和艺术博物馆，让自己的感官沉浸在人类文化的瑰宝之中。

到了第三天，她会带着对新发现的期待迎接初升的太阳。她坚信，真正能看得见的人会发现，每个黎明的美丽是千变万化的。然后，她会在现实世界中度过平凡的一天，与日常生活的人们相互交流、互动，更加深刻地体验生活的喜怒哀乐。

在这三天计划中，海伦将前两天留给了亲人朋友，留给了知识，最后一天则留给了自己，去感受大自然的美丽和体验正常人的生活。

在这部作品中，海伦·凯勒以她独特的视角，描绘了那些令人心醉的美景。她所描述的每一处风景，每一件物品，都充满了生命和灵动。她的文字中充满了对生活的热爱和对世界的好奇，让我们看到了一个充满无限可能的世界。

海伦曾说："像明天就会失去一样，度过每一天。"这不仅是一种积极的生活态度，更是一种对生命的敬畏和珍视。然而，我们中间有多少人在岁月的流转中虚度了光阴，以为把自由给了青春，就对得起这段时光呢？未来是无法预测的，我们无法预知明天会发生什么，但我们可以牢牢地把握今天，因为今天的每一份努力，都是明天的希望。

读书就是读自己

Step 3

歌德说:"读一本好书,就是和一位高尚的人谈话。"《假如给我三天光明》不仅是一本描绘了一位伟大女性战胜逆境的书,更是一本充满智慧和勇气的人生指南。在阅读这本书时,我们会感觉在和一位高尚的智者长谈,而且我们的内心也会被深深地打动——其所表现的主题深刻而独特,让我们对生命、坚持和自我超越有了更深入的理解。

《假如给我三天光明》是一部触动心灵的杰作,它向我们展现了一个不屈的灵魂在黑暗中追求光明的历程。在这部作品中,海伦·凯勒以自己的生活经历为线索,通过细腻的笔触,描绘了一个身残志坚、勇敢面对困境的形象。她以自己的故事告诉我们,即使生活中充满了挑战和困难,只要我们拥有一颗坚忍不拔的心,就能够战胜一切。

为了更好地把握该书的主题,我们可以从"希望""坚持""自我超越"三个方面来切入作者的故事与情感世界。

一是表现了"希望"主题。

作者开篇之语震撼人心,她写道:"假如给我三天光明,我将会如何度过呢?"这句话触动了无数读者的心灵。接下来,她用深情的笔触描绘了自己被黑暗笼罩的状况，她对于世界的感知仅限于触觉、嗅觉和味觉。她的世界是如此的黑暗和无声，仿佛一片无尽的虚无。然而，即使在这样的困境中，海伦并未放弃对生活的热爱和对光明的渴望。

当海伦在水泉旁边接触到"水"的感觉时，她的心灵产生了强烈的震撼。她开始对"光明"产生了深深的向往和祈求。对于她来说，"水"的感觉不仅代表了她对于视觉的渴望，也象征着她对于生命的渴求。在这个时刻，海伦意识到自己的生命并非一片虚无，而是充满了可能和希望。

在这部作品中，"光明"成为海伦不断追求的目标。它代表了未知的世界、无尽的可能以及无法言喻的希望。而"水"则成为了海伦对于生命的理解和追求的象征。从海伦的描绘中，我们可以感受到她对于生命的热爱和对光明的执着追求——如果有了光明，她会看见春天的美丽、听到鸟儿的欢唱、感受阳光的温暖……她会用眼睛看世界、看自己的亲人朋友、美好的景色、看动物和植物、看书写文章……所有这些，都是视障人士无法享受的。

作品的最后，再次表达了对于光明的信仰和希望：即使没有三天光明，她也希望自己能够永远保持内心的光明，坚持自己的信仰和自由。这种精神上的光明，甚至比视觉上的光明更为重要，因为它代表着一个人对于生命的向往与追求。

二是表现"坚持"主题。

海伦·凯勒侧重介绍了自己的经历。在海伦的一生中，充满了挑战和困难，但她从未放弃过自己的梦想和追求。她的身体状况让她无法像大多数人一样自由地感知世界，但她却从未停止过探索和认识周围的世界。她的坚持和毅力，使她能够不断突破自我，逐渐打开未知的世界。

可以说，作为一个身残志坚的人，她的成功离不开坚持不懈的努力。在文中，她描述了自己在学习上的困难和挫折，但她从未放弃。她写道："我为了可以和他人沟通，付出了不懈的努力。即使学习进展缓慢，但我从未丧失信心。"这段文字表现了她的坚忍不拔和坚持不懈的精神。

海伦的坚持不仅体现在她的学习和成长中，也体现在她对生活的热爱和对他人的关怀中。她用自己的行动告诉我们，坚持不仅仅是为了实现个人的目标和理想，更是为了成为一个更好的人，为周围的人带来更多的爱和温暖。

同时，她的坚持和毅力使她能够克服重重困难，最终实现了自己的梦想，成为了一名作家和教育家。她的故事告诉我们，坚持不仅是一种态度，更是一种力量，它能够帮助我们在面对困难和挑战时，保持勇气和毅力，不断前行。

三是表现"自我超越"主题。

海伦·凯勒，一个传奇般的人物，用她不屈不挠的精神和无比的毅力，打破了身体束缚，不仅让自己成为了一名杰出的作家、演说家和社会活动家，而且也成为身残志坚、不断超越自我的典范。

首先，海伦·凯勒在身残志坚的困境中，凭借坚持和毅力，成功地克服了身体障碍，实现了自我超越。她不仅学会了摸读盲文，还通过口述、打字的方式完成了多部著作的创作。这种自我超越的精神，体现在她不断挑战自我、克服困难的过程中。

其次，海伦·凯勒在追求知识的过程中，展现了她对人类文明和思想的热爱。在想象中的三天光明中，她渴望去见证历史、探索艺术、了解科学，这些都是她对自我超越的追求。

此外，海伦·凯勒还通过参与社会活动，实现了自我超越。她不仅是一名作家和演说家，还是一名社会活动家，积极参与公益事业，为残疾人争取权益。

可以说，她的成功并非偶然，而是她自我超越精神的结果。她不仅克服了身体上的障碍，更在精神的领域里攀登上了新的高峰。她的笔下，流淌着对生活的热爱、对知识的渴望、对人类文明的崇敬。她的文字，如同明灯一般，照亮了无数人的心灵，启发了无数人的思考。

《假如给我三天光明》是一部充满希望、坚持和自我超越主题的文学作品。海伦·凯勒通过自己的经历和生活，向读者传递了对生命的热爱和对光明、声音的渴望，同时也感激身边的人和事物展现了她积极向上、感恩生活的心态。

人生路上，只要我们面朝阳光，阴影便会被甩在身后。有些人看似整天面带笑容，并不意味着他们事事顺遂，而是因为他们拥有比常人更坚韧的意志、更乐观的心态、更强大的勇气，能够直面生活中的问题，将不幸的记忆深埋在心底，怀揣着对未来的无限憧憬，勇往直前。正如哲学家尼采所说："那些杀不死我们的，会让我们更强大。"在生活中，若想开启一段新的旅程，我们必须心怀梦想，让希望的灯塔在前方指引，让对未来的憧憬如火焰般燃烧。否则，那便不是新的开始，而是对旧生活的逃离，如同在黑暗中盲目摸索，找不到前进的方向。

Step 4

　　《假如给我三天光明》的叙事方式和语言风格会给人留下深刻的印象。这本书的叙事方式独特，主要以作者海伦·凯勒的口吻来叙述，使读者能够深入了解她的内心世界和感受。语言风格简洁、生动，富有表现力，使得海伦·凯勒的成长经历和思想深度得以充分展现。

　　整部作品以优美而又感人的语言，展现了一个身残志坚的女性在黑暗中寻找光明、追求梦想的历程。其独特的语言风格和叙事方式，让读者感受到了她对生活的热爱和对光明的渴望。

　　首先，采用第一人称叙事方式。

　　这种叙事方式让读者能够更加真实地感受到海伦·凯勒的成长经历和内心世界，从而增强了故事的真实性和可信度，使读者能够更直接地感受到她的内心世界和情感变化。在文中，海伦以一种诚实、坦率和细腻的方式描述了自己从小失明、失聪的困境，以及她在老师安妮·莎莉文的帮助下，如何通过自己的努力和坚持，逐渐克服身体障碍，并最终取得成功实现人生价值的经历。她的叙述让人们真切体会到了她的坚韧、勇气和毅力。

　　其次，使用富有想象力的语言。

这部作品还运用了丰富的想象。海伦描述了自己在获得三天光明的情况下，会如何去看、去听、去感受这个世界。这些想象的情节让读者对她的生活有了更深的理解和共鸣，同时也展示了她的内心世界和对生活的热爱。

生活在黑暗中，海伦·凯勒却用独特的视角为读者呈现出光明的一面。在描述自己周围的世界时，她写道："即便我看不到，但我能够通过手来感知世界的美妙。"她通过自己的触觉来感知世界，让读者重新审视生活中的美好。这种独特的视角不仅展示了作者的坚韧和不屈不挠的精神，也让读者意识到生活中的美好是需要我们去发现和感知的。

最后，运用生动、细腻的心理描写。

《假如给我三天光明》无处不在展示着作者的细腻情感。在描述家人和朋友时，海伦·凯勒的文字充满了感激和赞美。与莎莉文老师的相遇使她的生活发生了翻天覆地的变化。莎莉文老师不仅教会了她知识和沟通技巧，更是引领她走向光明的引路人。在描述这段经历时，作者用充满深情的笔触写道："我的灵魂被照亮了，我内心的恐惧和困惑被驱散。我感到一种从未有过的喜悦和自由。"这种细腻的情感表达让读者深切地感受到作者对生活的热爱以及对莎莉文老师的感激之情。

再比如，作者在想象中描述了三天光明生活的不同情景，贯串着对心理状态的刻画。

关于第一天，作者写道："在能看见东西的第一天夜里，我会无法入睡，脑海里尽翻腾着对白天的回忆。"这种描述表现了她无法抑制的愉悦和激动，体现了一种兴奋和期待的心情。

关于第二天，她写道："如果我的视力能够得以恢复，我将怀着无比欢欣的心情去从事那份引人入胜的研究工作。"这种表述表现了她对光明的渴望和求知的欲望，同时也传达出对视觉世界的向往和对知识的渴求。同时，她还写道："我无奈地离开了大都会博物馆，心中充满了失落和沮丧。"这种心理状态的描绘，表现了她在失去视觉后所经历的无奈和痛苦，同时也凸显了她对知识和学习的执着追求。

关于第三天，她写道："看到他人的微笑，我内心感到安慰；看到他人的果断，我感到自豪；看到他人的疾苦，我产生同情和怜爱。"这种心理状态的描绘，表现了她的善良天性和美丽心灵。作者通过细腻的心理描写，展现了她对生活的热爱和对人性的关怀。

另外，全书的语言风格简洁、生动，且富有表现力。

这种语言风格把复杂的情感和思想表达得深入浅出，使得海伦·凯勒的成长经历和思想深度得以充分展现。在书中，海伦·凯勒用简单明了的词语来描述自己的经历和感受，同时也运用比喻、拟人等修辞手法来增强表现力。例如，她将大自然的声音比作一曲协奏曲，使得读者能够更好地感受到大自然的美丽和神奇。再如，在描述她对声音的渴望时，她写道："就像夜幕降临了一样，我的世界陷入了黑暗之中。"这样的比喻让读者能够深刻地感受到她的失落和无助。

《假如给我三天光明》的叙事方式和语言风格相互辉映，使得这部作品在文学界独树一帜。全书采用了细腻而真挚的叙述方式，让读者深感作者对生活的热爱和对世界的关注。同时，海伦·凯勒的语言风格简洁明快，流畅而富有感染力，使得她的故事更加引人入胜。

这种叙事方式和语言风格的完美结合，不仅赋予了这部作品的思想深度，也展现出了较高的文学价值。它不仅能够启发读者思考人生的意义和价值，也能够激发读者追求梦想的勇气和力量。可以说，每一次阅读这部作品，都是一次难忘的精神之旅，都能从中发现不同的启示和感动。

  没有谁的生活会一直完美，但无论什么时候，都要一直看着前方，满怀希望就会所向披靡。每天告诉自己要努力，即使看不到希望，也依然相信自己。压力不是有人比你努力，而是比你优秀的人依然在努力。每个优秀的人，都有一段沉默的时光。那段时光，是付出了很多努力，忍受孤独和寂寞，不抱怨不诉苦，日后说起时，连自己都能被感动的日子。唯累过，方得闲。唯苦过，方知甜。

读书就是读自己

Step 5

　　一提到文学作品，很多人都有一种惯性思维：读文学名著有些枯燥。其实文学，顾名思义就是有知识含量值得一读的书。名著，顾名思义就是有品读价值，有一定思想深度的书。当我们抛开所谓的枯燥，认真品读《假如给我三天光明》文字背后的精髓，才能真正领悟海伦·凯勒的人生经历和思想情感，进而反思生活在不同世界的我们的的生活态度和人生价值。

　　轻轻地，打开一扇窗，让清晨的阳光温柔地洒落在脸上。静静地坐在窗边，手捧《假如给我三天光明》，让自己完全沉浸在这本书的世界里——仿佛看到了海伦·凯勒，这位伟大的女性，用她坚韧的生命力和无比的智慧在黑暗中寻找光明。

　　此时，我们就像一条河流在夜里静静地流淌，从海伦·凯勒的故事中汲取力量和勇气。她的生活充满了挑战和困难，但她从未放弃，而是以积极向上的态度面对生活的种种考验。她的故事让我们看到，无论生活中遇到什么困难和挫折，只要坚持不懈地努力，就一定能够克服。

　　在海伦·凯勒的世界里，我们可以找到对生活的热爱和对人性的关怀。海伦·凯勒用她的文字表达了对家人、朋友和周围人的感激和爱意，她的善良和真诚让读者感受到了人性的温暖和美好。同时，她的作品也传递了对社会公正和人类进步的关注，她用文字为弱势群体发声，传递了正义和公平的力量。

比如，在书中有一段文字这样写到："突然间，我灵感如泉涌，眼前呈现出无数绚丽的景象。我仿佛听到一个神圣的声音在诉说：'知识可以赋予人以爱，为人们照亮前路，并赋予人们智慧。'"

海伦认为，知识能够给人带来爱、光明和智慧。在她的观念中，知识是人们成长和进步的关键，能够照亮我们的人生道路，赋予我们力量和智慧。通过学习，我们可以更好地理解自己和周围的世界，从而更好地应对生活中的挑战和困难。

又如，她在假设自己恢复了光明后，看到了这样一些景象：

"身处这个翠绿的花园之中，我感到心情无比愉悦。这里有匍匐在地上的卷须藤，有低垂的茉莉，还有一种极其罕见的蝴蝶荷。它的花瓣如同蝴蝶的翅膀般易落，因此得名蝴蝶荷，散发出甜丝丝的气味。然而，最美丽的还要数那些蔷薇花。在北方的花房里，很少能够见到我南方家里的这种攀爬蔷薇。它在阳台上倒挂着一长串一长串的，散发着芳香，没有丝毫尘土之气。每当清晨，它身上的朝露还未干，摸上去是如此柔软、如此高洁，让人沉醉不已。我不由得时常想，上帝御花园里的曝光兰，也不过如此吧！"

"我静静地坐在莎莉文小姐的旁边，全神贯注地聆听她描述车窗外所看到的一切。美丽的田纳西河、辽阔无垠的棉花田、远处层叠的山丘、郁郁葱葱的森林，以及火车进站后熙熙攘攘、欢笑着向我们招手的黑人。他们带着香甜可口的糖果和爆米花，来到火车车厢周围叫卖，迎接每一位旅人的到来。"

这些文字表达了海伦对光明那热切的渴望和对人生的感慨。作为一个视力正常的人，很难真切地感受到她的这种情感。的确，她想看的事物太多太多，但是，那终究只是一个梦。就像她所说的那样，"如果人把活着的每一天都当成最后一天该有多好啊，那就更能显示出生命的价值，然而人利用时间和享受时间却是有限的。"

如果每个人都能充分把握每一天，那该是多么令人欢欣鼓舞的事情啊！三天光明，对于普通人来说，只是人生中短暂的一瞬间。然而，对于那些浑浑噩噩的人来说，这三天无非是漫无目的的游玩和虚度。而对于双目失明、身处黑暗中的海伦来说，这三天却是遥不可及的奢望。

人生，宛如一场短暂而悠长的旅行，穿越岁月的山峦与河流，品味着生活的酸甜苦辣。如同海伦·凯勒在《假如给我三天光明》中所描绘的那样，生活就像一幅画卷，既有明亮的色彩，也有阴暗的调子。

有时，生活会像一杯白开水，平淡无奇。但只要你愿意花费心思，添加一点甜蜜的糖份，细心品味，那平淡无奇的白开水也会渐渐变得甘甜可口。就像海伦在她的书中所表达的那样，生活虽然有时会带给人苦涩，但只要我们怀着欣赏的心态去感受，去品味，那些苦涩也会变得香醇且让人流连忘返。

生活有时会像一杯苦涩的咖啡，但你若能怀着欣赏的心态，再去慢慢享受，你一定会越品越香。让我们像海伦一样，用敏锐的感知和丰富的情感去体验生活的每一个细节，去感受那画卷中的光明与黑暗、积极与消极。

在这幅黑白分明的画卷中，光明与黑暗交织在一起，形成了一幅美丽的画面。我们每个人都拥有着创造自己生活色彩的能力，只要我们愿意去感受、去欣赏、去珍惜。正如海伦在她的书中所述：

"人生就是一场旅行，我们都是旅途中的画家。"让我们用自己的画笔，描绘出属于自己的色彩斑斓的幸福画卷吧！

幸福，这个词语似乎太过抽象，每个人对它的理解都有所不同。对于海伦·凯勒，这位生活在黑暗与寂静中的女性，她的幸福却并不遥远。

在她的世界中，幸福可能是那轻轻抚摸马儿的温暖，是那划船时湖面微风的轻吻，是那游泳时水流过的肌肤，是那划雪橇时飞扬的雪花。她独自一人，在月夜的掩护下，泛舟于湖上，用心感受那月下荷塘的美景。她的世界，虽然缺少了视觉和听觉的享受，但却并未阻止她感受这个世界的万千美好。

她去参观博物馆，用她的指尖去"听"音乐会，甚至去"欣赏"歌剧。在这些看似寻常的行为中，她用心去感受这个世界，用心去享受生命的每一刻。她的幸福，源自于她对生活的热爱和对世界的好奇。

在平时的生活中，我们不要等到失去后，也不要在经历过黑暗后，才会欣赏光明的美好。但愿都能像海伦那样学会珍惜，珍惜所拥有的一切，珍惜生活中的每一份喜悦与悲伤。因为在这短暂的人生旅程中，每一份体验都是宝贵的财富，只要每天怀揣着梦想，以友善、朝气和渴望去生活，我们的人生才会像一幅色彩斑斓的画卷，美丽而充实。

找一个静谧的夜晚，让自己沉浸在《假如给我三天光明》的世界里，将视线充满敬意地投向那些文字，让心灵穿越回那个时代，你会更真切地感受着海伦·凯勒的人生旅程，在心灵深处享受到一份精美的大餐——她的故事是一幅细腻的画卷，每一个细节都闪烁着真实而动人的光彩。她的文字是活生生的灵魂，它们引导我们穿越到那个时代，与她一同感受生活中的酸甜苦辣。

  沉浸在这本书的世界中，你会感受到海伦·凯勒对生活的热爱和对世界的好奇。她的故事如同一盏明灯，照亮了我们前行的道路。在她的世界里，我们学会了珍惜每一刻的生活，用爱去感受周围的一切，并让心灵得到一次美好的洗礼。

Step 6

　　《假如给我三天光明》是海伦·凯勒的代表作，也是一部伟大的励志书，更是一部感人至深、震撼人心的关于生命的传记。其价值不仅体现在个人成长和坚持信念方面，也体现在对整个社会、文化和教育领域的积极推动作用上，因此被誉为世界上"无与伦比的杰作"。

　　人生的困境，并非源于过去的伤痛，而是源于对未来的迷失。我们常常在风雨中迷失方向，忘记了前方的路——海伦·凯勒，一个身残志坚的弱女子，用她的生命故事，为我们揭示了这个真理。

　　《假如给我三天光明》是一部朴素而深刻的自传体散文。在这部作品中，海伦以她独特的方式，教导我们如何感知生命、理解世界。她用触觉、用心灵去感知周围的一切，让我们看到了一个充满生机和活力的世界。

　　海伦的故事让我们想起了一位哲学家的话："勇敢寓于灵魂之中，而不是一副强壮的躯体。"海伦凭着一颗坚强的心，在逆境中挣扎，最终在困境中崛起。

　　在今天看来，这部作品的影响力和价值主要体现在以下几个方面：

一是鼓励个人成长和坚持信念。

作为新一代的我们,我们有着优越的工作、生活条件和学习环境。然而,很多时候我们却缺乏坚定的信念和毅力。我们常常因为一点小挫折就放弃追求自己的梦想,或者因为一时的困难就选择逃避。

阅读《假如给我三天光明》,我们不仅会为海伦的坚韧和勇气所感动,也会从中获得启示和力量。这部作品让我们明白,生命中的困难并不是不可逾越的障碍,只要有坚定的信念和不懈的努力就能够战胜一切。

二是唤起社会对残障问题的关注。

《假如给我三天光明》讲述了海伦·凯勒在19个月大时因疾病而失去了视力和听力,以及她在教育家安妮·莎莉文的帮助下克服了重重困难,最终取得了巨大的成就。海伦·凯勒在书中展现了她对生活的乐观态度和不屈不挠的意志力,这对于当时社会中的残障人士来说是一种无比宝贵的鼓舞和鼓励。

海伦·凯勒这位伟大的残障人士,她的故事和成就如同一座巍峨的灯塔,照亮了社会中残障问题的解决之路。她的存在,不仅挑战了我们对残障的固有观念,更在无数心灵中播下了理解的种子。

在她的生活中,困难重重,挫折连连。然而,她却从未让这些困扰阻止她追求自我价值,实现人生理想的步伐。她的坚韧和毅力,打破了社会对残障人士的偏见和歧视,为这一群体争取了更多的尊重和理解。

她的故事告诉我们,残障并不意味着生命的停滞,反而可以是生命的一种挑战和超越。她以自己的行动证明,即使身体有所限制,精神也可以飞翔。她的勇气和决心,激发了我们对残障人士的敬仰和尊重。

在她的影响下，人们开始重新审视和认识残障问题——残障并不是一种缺陷，而是一种独特的人生经历和挑战。残障人士同样拥有追求自我价值，实现人生理想的权利。海伦·凯勒为这一群体争取了更多的机会和关注，让社会开始走向更加包容和理解残障人士的道路。

三是推动教育的事业的发展。

《假如给我三天光明》对教育事业的推动作用是不可忽视的。这部作品不仅被用作教育材料，还被广泛推荐给中小学生阅读，对于青少年的成长教育产生了积极的影响。

这部作品为教育者提供了有关残障、适应和成长主题的丰富教学内容。通过海伦·凯勒的自传，学生们可以更好地了解残障人士所面临的挑战和生活困境。这有助于打破社会对残障人士的偏见和歧视，促进社会对这一群体的理解和包容。

《假如给我三天光明》还被列入《教育部基础教育课程教材发展中心中小学生阅读指导目录（2020年版）》，这进一步证明了它在教育领域的价值和影响力。这本书作为推荐阅读材料，对于青少年的成长教育产生了积极的影响。通过阅读海伦·凯勒的故事，学生们可以获得积极的价值观和成长动力，激励他们在追求梦想的道路上不断努力。

所以说，该书不仅是一部感人至深的文学作品，也是一部具有教育价值的经典之作。它通过海伦·凯勒的故事和成就，为教育者提供了丰富的教学资源。

综上所述，《假如给我三天光明》对个人、社会和教育界都产生了深远的影响。它不仅为读者提供了宝贵的启示和灵感，还成为残障人士的代表和榜样，同时也启发了无数作家和学者，促进了社会对残障问题的理解和包容。

《假如给我三天光明》不仅是一部文学作品，更是一部对个人成长产生深远影响的心灵启示录。通过海伦·凯勒的亲身经历和所展示出的不屈精神，给予读者许多关于成长、坚韧、热爱生命的启示：世界上最美好的东西，是看不见也摸不到的，它们存在于我们的内心深处，需要我们用心去感受和体验。许多时候，我们五官感受到的"美好"，可能只是表象，甚至可能是虚假的。当我们用心去感受爱、友情、善良和慈悲时，才会发现美好的情感是如此真实而深刻。